萌爷爷讲生命故事

我们到哪里去

董仁威 韦富章/编著

U0312351

希望出版社

图书在版编目（CIP）数据

我们到哪里去 / 董仁威，韦富章编著. — 太原：
希望出版社，2024.3
（萌爷爷讲生命故事）
ISBN 978-7-5379-8927-5

Ⅰ．①我… Ⅱ．①董…②韦…Ⅲ．①生命科学—少
儿读物Ⅳ．① Q1-0

中国国家版本馆 CIP 数据核字（2023）第 201073 号

萌爷爷讲生命故事

我们到哪里去 董仁威 韦富章 / 编著

WOMEN DAO NALI QU

出 版 人：王　琦
项目策划：张　蕴
责任编辑：张　蕴
复　　审：宸源雪
终　　审：傅晓明
美术编辑：王　蕾
印刷监制：刘一新　李世信

出版发行：希望出版社
地　　址：山西省太原市建设南路21号
邮　　编：030012
经　　销：全国新华书店
印　　刷：山西基因包装印刷科技股份有限公司
开　　本：720mm×1010mm　　1/16
印　　张：10
版　　次：2024年3月第1版
印　　次：2024年3月第1次印刷
印　　数：1-5000册
书　　号：ISBN 978-7-5379-8927-5
定　　价：45.00元

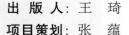

序

"萌爷爷"是谁？他是由科普作家组成的"萌爷爷"家族的"代言人"。

萌爷爷家族的叔叔、阿姨、哥哥和姐姐，他们是交叉型人才，是真正的"博士"。他们各取所长，有的将深奥的科学知识科普化，有的针对小朋友们的喜好将科普知识儿童化，还有的将科普作品文艺化，共同打造了一桌桌可口的知识盛宴。

如今，经过萌爷爷家族精心打造的第一桌宴席——"萌爷爷讲生命故事"问世了。

这桌宴席有六道大菜：《我们是谁》《我们从哪里来》《我们到哪里去》《动物这种精灵》《植物这道美景》《微生物这个幽灵》。

这是鲜活的地球上各种生命的故事套餐。人、动物、植物和微生物，是大自然创造的四大类生命奇迹。

《我们是谁》《我们从哪里来》《我们到哪里去》是讲人的故事的。这些故事运用前沿科学的最新研究成果，回答了人从一出生就关注的问题：我是谁？我从哪里来？我到哪里去？

这些问题太简单啦！你一定会这样说，从妈妈肚子里生出来，最后到火葬场，回归自然。是不是？但是，这个看似简单的问题，却被称为世界三大难题之一。现代人类从诞生到有了自我意识以后，就不断地问自己这样的问题，但直到如今也没有确切的答案。好在现代生命科学进展迅猛，它的终极秘密也一个个被科学家揭开，萌爷爷终于可以基于科学家的这些研究成果，试图回答这三个终极问题了。

《动物这种精灵》《植物这道美景》，是对生命的礼赞。

呆萌的大熊猫，古怪的食蚁兽，产蛋的哺乳动物鸭嘴兽，舍命保护幼崽的金丝猴，放个臭屁熏跑美洲狮的臭鼬，比一个篮球场还大的蓝鲸，先当妈妈后当爸爸的黄鳝，几十个有趣的动物故事保准会迷得你神魂颠倒。

美丽的花仙子，吃动物的植物，会玩隐身术的植物，能"胎生"的植物，能灭火的树，能探矿的植物，能运动的植物，"植物卫士"大战切叶蚁……几十个生动的植物故事保准会让你爱不释手。

《微生物这个幽灵》，让人类对这些隐形生命爱恨交织。它们制造了杀人无数的天花、鼠疫、流感等等瘟疫，是人类的天敌。但是，它们又为人们酿造美酒，制作豆瓣酱、豆豉、豆腐乳等美味，还能制造对付隐形杀手的抗生素。

哈哈，有趣的故事多着呢。

看了这些生动的生命故事，你不仅能增长知识，获得美的享受和阅读的快乐，还会情不自禁地产生要保护野生动物和植物，让人类与环境和谐相处的强烈愿望。

多好看的书！

哈，你已经迫不及待了吧？

萌爷爷不再啰唆，请你赶快翻开书，细细地品味这一饕餮盛宴吧。

开卷有益！

萌爷爷

前 言

大家好，萌爷爷又跟你见面了！

在前面的《我们是谁》和《我们从哪里来》两册书中，萌爷爷讲了很多我们的过去和现在的故事，由此我们已经知道我们是谁，我们从哪里来。接下来，你是不是还想知道：我们要到哪里去呢？

是的，你一定很好奇，未来的人类会是什么样的呢？

是不是可以进行器官移植：当我们身体里的一部分器官坏掉了，可以把一个新的器官（动物的或机器的）移植进我们的身体，替换那些已经坏掉了的器官，随坏随换？

是不是可以像科幻电影里那样：当我们快要衰老的时候，再复制（克隆）一个新的自己，啊，这样我们永远都不会老去，永远保持年轻了？

是不是可以改变我们的肤色：想要什么颜色的肤色，就要什么颜色的肤色，从此出现绿色人、蓝色人、橙色人和紫色人等，甚至我们像变色龙那样，可以根据环境随时变化肤色？

是不是能够复活已经灭绝的动物：让侏罗纪的恐龙，埃迪卡拉纪的悬浮生物，或者巨虫时代的蜈蚣大巴，又出现在我们面前？嗯，骑着恐龙或坐着蜈蚣大巴去上学，是不是很炫酷？

是不是已经离开了地球，生活在月球、火星，或者更遥远的星系里了？

是不是我们已经不需要我们的身体，而是以一种意识的形态存在，或者说以一种数字化的形式存在，不生不灭，从而实现永生？

天哪，想想都让人兴奋——未来的人类，充满了无限的可能！

生命女神有很多宝贝，其中有一件宝贝 ——"魔剪"。

生命女神的这把魔剪可不简单，它是生命女神用来创造和改造生命的工具。咔嚓！咔嚓！生命女神利用"魔剪"剪接不同的DNA（基因）片段，从而创造出各种不同的生物！

可现在，人类已经得到了她的这把魔剪！

那是不是人类就可以像生命女神那样，也能"咔嚓、咔嚓"地创造和改造生命了？

你是不是兴奋不已、跃跃欲试，想要"咔嚓、咔嚓"，也要创造或改造生命了？

等一等，先别急着高兴。萌爷爷不得不提醒你一句：我们人类得到了生命女神的魔剪，可不一定是什么好事呢！

是的，生命女神的魔剪是一把双刃剑，如果我们利用得好的话，可以"咔嚓、咔嚓"为人类造福，为世间万物造福；但如果利用不好的话，则可能人类从此就会走向自我毁灭之路，世间万物坠入黑暗的深渊。

这是怎么回事呢？

请听萌爷爷给你慢慢道来……

目录

一、走向生命改造的人类

1. 从一头猪和一只羊说起　　8
2. 恐龙会复活吗　　12
3. 人类会被克隆吗　　15
4. 我们可以改造生命吗　　21
5. 遗传的密码　　25
6. 破解"生命的天书"　　34

二、走向"异能"的人类

1. "长生不老"的人　　39
2. "自我复制"的人　　45
3. "转基因"的人　　47
4. "光合作用"的人　　51
5. "永不会死"的人　　54
6. 仿生人　　58
7. "人面兽心"的人　　64

三、走向未知的人类

1. 人类，将变得越来越不像人　　71
2. 人机复合人　　73
3. 灵境人　　78
4. 虚拟人 – 网络人 – 数字人　　85

四、走向毁灭的人类

1. 五次"生物大灭绝"　　96
2. "地狱炸弹"核武器　　101
3. "没规矩"的太空小行星　　106
4. "隐形杀手"基因武器　　111
5. 机器人＋人工智能　　114
6. "微型军团"纳米武器　　119

五、走向自救的人类

1. 禁止使用核武器　　123
2. 让春天不再"寂静"　　125
3. 阻止地球变暖　　128
4. 现代女娲"补天"　　134
5. 保护"地球之肺"　　138
6. 保护湿地，拯救野生动物　　141
7. 建立自然保护区　　145

六、走向太空的人类

1. 从太空中来，回太空中去　　149
2. 移民月球　　152
3. 移民火星　　156
4. 移民类地星球　　159

我们到哪里去

一、走向生命改造的人类

1. 从一头猪和一只羊说起

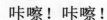

咔嚓！咔嚓！

1986 年，美国的一家农业实验站，挥动生命女神的"魔剪"，创造出了一头小公猪。

这头小公猪，看上去个头和普通的小猪差不多。只不过呢，它的模样要说多难看就有多难看：浑身长着红褐色的毛；一双眼睛挤在皱巴巴的大脸盘上，还向内斜视着；双腿发肿，并且患有严重的关节炎。

唉，这活脱脱就是一个"丑八怪"嘛！

为什么会被弄成这个样子呢？

原来，实验站的研究人员在这头小公猪的胚胎细胞里，嵌入了一头母牛的生长激素基因。

研究人员的初衷，是希望小公猪长得像牛一样硕大、健壮。但是，万万没想到，事与愿违，得到的却是一头"丑八怪"猪。

这头丑八怪"转基因猪"，对于我们来说，并没有多大价值。

"转基因猪"被公之于世后，马上就遭到了社会舆论的谴责。美国动物保护协会公开指责，这个行为是对动物尊严的亵渎，实在太残忍了。他们甚至向联邦法院提出了诉讼。有些国会议员和科学家也担心，人类用这种手段，对自然界的生灵横加干涉，必定会产生难以想象的严重后果。

这件事也让很多人感到担忧：如果人类能够对自然生物加以干涉、改造，那么地球上的一切生物包括人类，都有可能成为基因工程的开发对象，后果不堪设想。

这件事也意味着，如果人们用生命女神的"魔剪"肆意妄为，"剪"出什么可怕的怪物，那么，灾难很可能就会随之而来……

想想，真是太可怕了！

不过，也有科学家建议我们往好的方面看。这些科学家说，"转基因猪"的出现，未必不是一件好事。只要我们控制好转基因技术，就像利用原子能造福人类一样，基因工程终将为人类造福。

事情就这样平息下来了。但是，仅仅过了10年，一只叫多莉的克隆羊又横空出世，再次震惊了世界。

"克隆"的意思，就是复制。"克隆"原是指不需要靠两性繁殖，而直接由母体分离繁殖的生物体。这种方式，在农业上已经应用很久了。比如，在移植葡萄时，剪下葡萄藤的一段根茎，把它插在泥土里，很快就会长出一株新的葡萄。

那么，对于克隆羊多莉来说，科学家也采用了类似的方法：用一只成年羊的乳腺细胞，克隆出了另一只一模一样的羊。

这的确是了不起的技术！

所以，克隆羊多莉的出现，让当时的整个世界都轰动了。

和那头可怜的丑八怪"转基因猪"不同的是，多莉的出现，得到的是一片褒奖和对未来科学的殷切展望。也许是克隆羊自身所具备的优点和它的不破坏性，让人们对生物技术造福人类未来充满了信心。

克隆羊多莉与以往的克隆动物最大的不同，在于它是世界上第一只使用体细胞复制出来的哺乳动物。

这里萌爷爷要解释一下，以往的哺乳动物克隆技术，只是

在胚胎时期将胚胎取出，移入另外的卵子中，这样就可以产生许多孪生个体。而克隆羊却不一样，只要找到羊身上的任意一个细胞——一段羊毛、蹄甲，甚至是一块羊皮屑，都有可能复制出几只羊来。

神不神奇？

所以，克隆羊多莉的闪亮登场，一下子就使得"克隆"成了科学界最大的热门。要知道，克隆动物最大的优点，在于能把动物体进行全面复制，这在育种上来说，意义非常重大。

因为，我们在育种时，无论采用哪种高超手段，都是为了获取具有优良性状的动物，比如蛋下得多的鸡，或者肉长得快的猪。但是呢，这些动物在推广时都会面临一个难题：在大量繁殖时，它们如何才能保持优良的性状？传统的交配育种方式，经常会导致优良性状的丢失，而如果想要保证性状完全不丢失，克隆技术则是最好的办法。

于是，各国科学家纷纷投入实验，并很快有了自己的克隆成果，如"克隆牛""克隆猪""克隆猴"……

甚至有的科学家已经开始畅想了：借助克隆技术，我们或许可以复活远古的生物。

比如，复活早已灭绝的恐龙！

2.恐龙会复活吗

相信你已看过《侏罗纪公园》系列科幻冒险电影。

很精彩，是不是？一只只已灭绝数千万年的恐龙活灵活现地出现在人们面前，重新生活在我们的时代，引发了一场场灾难，让人看得目瞪口呆、喘不过气来。

虽然这只是科幻电影的情节，但它所依据的理论，事实上也不是完全不可能。

我们再来回顾一下这部电影的情节：科学家们从一块有着8500万年历史的琥珀里面，发现了一只曾叮咬过恐龙并且胃里面

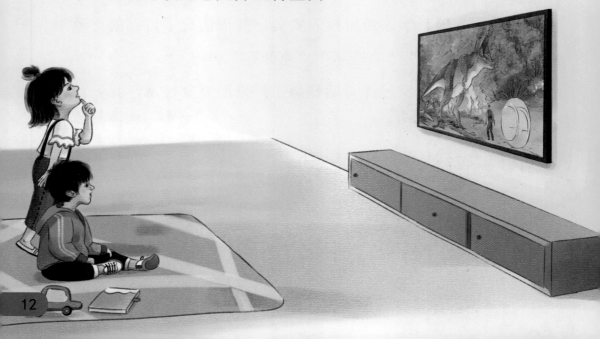

还残留有恐龙血液的蚊子化石，他们从里面找到了恐龙的基因，然后运用现代生物科技，成功培育出了一只与当年一模一样的恐龙来。

从理论上来说，这是成立的。

克隆羊多莉的问世，就证明了这项技术的可行性。

也就是说，如果我们真的能找到残留有恐龙血液的蚊子琥珀，利用当今的克隆技术，是非常有可能复活出恐龙的！

不只是恐龙，那些早已灭绝的远古生物，比如剑齿虎、猛犸象，甚至是震旦纪的另类生命，都有可能通过克隆技术进行复活。

想想震旦纪的悬浮生物，想想巨虫时代（石炭纪）的蜈蚣，如果这些早已灭绝的史前生物又出现在人们的面前，会是一种什么情景？坐着蜈蚣大巴去上学，这画面实在是太奇妙了！

但前提是，我们得找到已灭绝生物的基因。这是最为关键的。

虽然人类是否真的能复活出史前的恐龙，仍有待时间验证，但这给了我们一个最大的启示：已灭绝的生物或许已经不可追，但是对于那些濒临灭绝的珍稀生物，我们是否可以通过克隆技术对它们进行挽救性保护呢？

比如说我们国家的"国宝"大熊猫、滇金丝猴、中华白海豚、丹顶鹤、扬子鳄等等这些珍稀和濒危的动物，都可用克隆技术对它们进行复制，使它们免于灭绝。这可能是克隆技术能带给人们的最大好处。

那是不是说，有了克隆技术，从此就没有了"绝种"的问题？也不是。

虽然人们可以通过"无性繁殖"的克隆技术来繁衍生命，但是在整个地球的演化过程中，一个物种濒临灭绝，往往牵涉到非常多的复杂因素。

当一个物种面临灭绝，可能不只是一项单纯的原因，或许与环境的变迁、赖以栖息的地域突然遭到破坏、食物链中断，或某种致死传染病的流行等等多种原因有关，不是简单运用克隆技术，就能够解除某一物种面临"绝种"的危机。

最根本的办法，还是要好好爱护我们的大自然，不要过度索取和破坏。

回到克隆的问题上，可能你最关心的，就是"克隆人"的话题了。

是的，这是颇具争议性的话题：当"克隆羊""克隆牛""克隆猪""克隆猴"等等出现后，"克隆人"会不会出现呢？

3.人类会被克隆吗

好吧，萌爷爷来说一说"克隆人"的话题。

其实，早在克隆羊多莉问世之前，就已经有人开始异想天开了：假如说，我们从当代最杰出的科学家比如爱因斯坦的体细胞中，取出细胞核，然后把它移植到去核的卵细胞中，使其生长发育，那么，世界上会不会出现一大批"爱因斯坦"呢？

1963年，英国生物学家约翰·斯科特·霍尔丹就在《未来一万年的人种生物学的可能性》一文中，叙述了人类实现"无性繁殖"的可能性。

霍尔丹设想，如果把人的体细胞的核，移植到去核的卵细胞中，就可繁殖出"克隆人"。

事实上，关于"克隆人"的想象，古代人就有了。在中国的神话传说

约翰·斯科特·霍尔丹

中，女娲用黄土造人，照着水面中倒映着的自己的模样捏了一个一模一样的自己，这就是最早的"克隆人"啊。《西游记》里，孙悟空拔出一小撮毫毛，放在嘴边一吹，就变成了千千万万个"分

身"，这似乎也可看作是"克隆人"的写照。

可见，由古至今，人们对于"克隆人"的向往，从未中断过。

克隆出来的"分身"，会与真人一模一样吗？

答案是不一定。

这是因为，被克隆的本人与其"分身"，即使他们的"基因组"完全一样，但是他们的生长环境是不一样的，所以个人的性格、机遇和命运等等，也可能会大不相同。

比如说，生长在不同地区、不同家庭的"同卵双胞胎"孪生兄弟或姐妹，他们的机遇与命运会大相径庭。如果两人分别成长在贫富差距悬殊巨大的家庭里，他们甚至连容貌都会不一样呢。

所以，克隆只能根据 DNA 复制和本人样貌一样的人而已，DNA 本身不是思维载体，克隆出来的人和那些刚出生的小孩没有什么两样。

也就是说，克隆出来了"分身"，也只能是真人的肉体，却不能复制其思想。

所以说，我们大可不必担心。

事实上，我们人类还没有做好"克隆人"降世的各种准备，无论是心理上的、生理上的，还是伦理方面的。

一旦"克隆人"轰然问世，不仅会让人们感到束手无策，也会让世界变得混乱不堪。因为这会使人们面临前所未有的新问题，并对传统的伦理、价值观念、家庭和社会秩序等产生巨大的冲击，引发一系列的法律和伦理道德问题。

比如我们知道，伦理讲的是关于人们的行为准则和人与人之间应有的道德关系，如辈分、长幼、朋友、上下级等等。"克隆人"一旦出现后，他们会把这一切搞得混乱不堪。

不是夫妻，却要实行人工授精，让他们的生殖细胞结合、发育、生孩子。

不是夫妻，却要为别人的丈夫生儿育女。

精子、卵子、子宫一旦变成商品一样的东西，儿女也就成了商品，他们从存在的那一天起，就会感到非常迷惘。因为他们也是一个个的人，也有七情六欲，也有尊严和各种需求，只不过他们的出生方式跟我们普通人的出生方式不同而已。

那些通过体细胞克隆或融合形成的孩子，已经失去了子女的概念，他们不过是提供体细胞核的人的复制品。那么，"克隆人"与供核人之间，在年龄上可以相差几十乃至上百岁，但他们又不是亲子关系，而是兄弟、姐妹，这是不是太不可思议了？他们是谁？我们又将如何定义谁是他们的父亲、谁是他们的母亲呢？

他是我，我又是谁？

这会是个十分令人头痛的难题。

因此，美国已明令禁止进行人体克隆实验；日本、英国、法国等国家也纷纷出台类似规定。有的国家甚至还禁止进行克隆动物的研究。

自然受孕

试管婴儿

在种种压力之下，科学家们也不愿被别人当成"疯子"，都纷纷停下了"克隆"实验。

而研制出多莉的科学家也多次声称："我们从来没有想过要克隆人类，'克隆人'对于研究来说毫无意义……"

不过，对于整个 21 世纪，克隆羊多莉的出现，不只是一个小小的序幕。克隆羊多莉使得更多的人去思考生物技术快速发展的背后的一些东西。比如：等到生物技术发展到无所不能的那一天，这个世界将会变成什么样子呢？

　　对于"克隆人"，要想永远制止他们的出现，恐怕也是不可能的。科学在不断向前发展，该来的终究会来。

　　如果真到了那么一天，相信聪明的人类会有办法解决我们今天所面临的种种困惑的。

·

4. 我们可以改造生命吗

当人们渐渐洞悉了生命的奥秘之后，一个大胆的假设就出现了：明天，我们可以改造生命吗？

事实上，在如今的科学界，"改造生命"（组装、修改基因信息）正成为不少科学家跃跃欲试的研究课题。虽然由于伦理道德的问题，在大多数情形下，谁也不愿意承担可能会带来灾难性后果的巨大风险，但即便如此，"改造生命"的实践，已初显端倪。

比如"试管婴儿"。现在的"试管婴儿"还是在母亲的子宫中发育成长起来的，然而据不少科学家预测，胎儿整个发育时期都在试管中进行的真正的"试管婴儿"，或许在不久的将来就能诞生。

其实对于生命的改造，在更早的一些时候就已经在进行。

2005 年底，美国明尼苏达州立大学的科学家多丽丝·泰勒，她把老鼠尸体的心脏进行"去细胞化"——去除其中不需要的细胞，然后注入新生鼠体内未发育全的心脏细胞，随后把心脏放入无菌培养皿中，培养到第八天后，这颗心脏开始了搏动。

美国基因学家克雷格·文特尔，他领导的实验室在 2008 年首次合成了人造细菌基因组。克雷格说，他在尝试创造一些具有特殊功能的新微生物，如果下一步实验成功，这些新的微生物不仅可以用作替代石油和煤炭的绿色燃料，还能分解火力发电厂排放的二氧化碳，帮助人类清除危险的化学物质和辐射等。

科学家相信，这些"人造生命"将会在未来解决一系列目前人类难以克服的问题，比如帮人们干一些"脏活累活"，其中包括抵御疾病、"锁住"温室气体和"吃掉"垃圾。

美国洛克菲勒大学的生物学家也宣称，他们在尝试合成"人造细胞"。一旦成功，他们就可以实现定制细胞了，从而也能实现"人造生命"和"定制生命"。参与这项研究的生物学家埃尔伯特·里勃切特说："如果这一切成为可能，我们就该重新思考一下，生命究竟是什么？与其说这是个科学上的问题，不如说是一个哲学问题。对我来说，生命就像一部机器，一部由电脑程序控制的机器，仅此而已。"

目前来看，这些通过实验制造出的生命物质，不过是生物大分子的基本构成单元而已，它们还远说不上是生命。

我们在上一册"萌爷爷讲生命故事"《我们从哪里来》中说过，生命至少要具备三个特征：

第一，生命必须有一个容器，如人的身体；

第二，生命能进行新陈代谢，跟环境做物质和能量的交换；

第三，生命具有可以被储存和复制的化学指令，这些指令控制着生命活动，并且能复制遗传。

目前看来，科学家在实验室里制造出的生命物质，距离人造生命还有一定的距离。

美国马里兰州的科学家已合成出世界上首个完全人造的染色体——一长串完全在实验室中合成的DNA，其中包括微生物生存和繁殖所需的所有指令。他们希望能进一步合成其他的染色体，以创造出前所未有的生物。

种种迹象表明，人类已到达创造生命、改造生命的临界点。

人类的手中，已握着生命女神的"魔剪"。

实话说，萌爷爷不知道应该是感到高兴还是担忧。因为人造生命的到来，可能会给人类伦理观念带来前所未有的冲击，同时也包括人类最终可能会面临的失去对新物种控制的危险。

尽管这些热衷于制造"人造生命"的科学家解释说，人类制造的任何生命，都不可能与那些在自然界中进化了38亿年的生物竞争，并且科学家们还设计有一些保护措施，比如说所有人造生命都将依赖自然界不存在的化学物质，这些关键性的化学物质一旦消除，人造生命便会死亡。但是，我们还是有理由担心，这些人造生命将来仍有可能会演化成为我们无法控制的生物。此外，一旦这些生命出现，我们应该怎样对待它们呢？它们是不是也拥有生存的权利？我们是否可以对它们随意进行践踏、掠夺呢？

还有，假如这些"人造生命"是一些完美超凡的人类，那么，他们会比我们更高等吗？如果他们更加美丽、更加强大，比我们更有力量、更有智慧，我们被他们奴役了怎么办？

我们做好准备了吗？

不管怎么说，"创造生命"和"改造生命"正蓄势待发，这是科技发展的必然趋势。而这一切，都是因为科学家已经破解了生命的密码。

生命的密码，又是什么呢？

5. 遗传的密码

我们知道，地球上所有的生命除了病毒外，都是由"细胞"构成的。有的是单细胞生物，比如说草履虫，它们的全身就是由一个细胞组成的；有的是多细胞生物，比如说大多数动植物，包括我们人类。

而我们生命的全部奥秘，全都藏在"细胞"这个小小的房间里！

开启房门的"钥匙"，叫作染色体。

什么是染色体呢？萌爷爷先请你来做一个有趣的实验。

如果我们把一个单细胞生物分成两半，让其中的一半含有完整的细胞核，另一半不含细胞核，那么会怎么样呢？

我们会发现，有核的一半能够分裂、生长，而没核的另一半则会死亡。

从这个有趣的实验里，我们明白了，细胞的分裂实际上是细胞核的分裂。

如果我们对细胞的内核进行染色，就会发现细胞核里分布着一些丝状物，这些丝状物就叫作"染色体"。

而细胞分裂的过程，我们把它叫作"有丝分裂"。

萌爷爷要告诉你一个秘密：细胞中的染色体是成对存在的，同一物种的生物，细胞里都含有相同数目的染色体。我们人类的染色体，共有46条，23对。每一对染色体中，其中的一条来自爸爸，而另一条来自妈妈。

我们的体细胞在有丝分裂的过程中，染色体的数目先加倍，然后细胞再一分为二。因此，分裂后的两个子细胞，各含有跟原来的母细胞一样数目的染色体。

萌爷爷以前在说到生物的繁殖进化时，曾提到过"减数分裂"，那么什么是减数分裂呢？

减数分裂发生在生殖细胞里。染色体在分裂后，形成的子细胞中的染色体数目减少到原来细胞的一半。这就是"减数分裂"。减数分裂形成的细胞中，只有一套（组）染色体，这种细胞也叫作"单倍体细胞"，比如生物体内的精子与卵子。

当精子与卵子相遇，结合成一个细胞，它们的染色体就变成了两套（组），因此，一个新的生命诞生了。

啊，原来这就是生命传承的秘密！

可以说，生物体内生殖细胞的减数分裂，与体细胞的有丝分裂，同样都离不开染色体。因此，把染色体叫作"生命之舟"一点儿都不夸张。

体细胞的有丝分裂，导致生命体的成长壮大；而生殖细胞的减数分裂，则导致生命体的生生不息。

生命的过程就是这样。

那么，生命为何又有性别之分呢？

为什么有的动物是雄性，而有的动物是雌性呢？

为什么我们人类，会分成男性和女性呢？

20世纪初，德国动物学家亨金在研究减数分裂时，发现有一条染色体很奇怪，它在向细胞一极移动时，总是处于落后的状态。亨金对这条他没有弄清楚的染色体，标记为"X染色体"，意思是未知的染色体。

直到1905年，丹麦社会生物学家爱德华·威尔逊发现，雌性个体的细胞中具有两套普通的染色体，称作"常染色体"，另外还有两条"X染色体"；而雄性个体的细胞里也有两套常染色体，但是只有一条"X染色体"。

于是，威尔逊得出了结论：动物的雌、雄性别

爱德华·威尔逊

可以根据细胞中"X染色体"的多少加以区别，"X染色体"因而也被他称作"性染色体"。

但是，威尔逊却忽视了一件事：雄性个体的"X染色体"，还有一条不露声色的同伴——"Y染色体"。这种染色体呈钩状，比"X染色体"短小。

3年后，这条被威尔逊丢失了的"Y染色体"，被美国的生

物学家史蒂芬斯发现。

到这里，我们终于搞清楚了：

在人体中，每个细胞里面有 23 对染色体，包括 22 对常染色体和一对性染色体。

性染色体包括 X 染色体和 Y 染色体。

含有两条 X 染色体的受精卵，就发育成女性（XX）；而含有一条 X 染色体和一条 Y 染色体的受精卵，则发育成男性（XY）。

哺乳动物雄性个体细胞的性染色体为 XY；雌性则为 XX。

鸟类的性染色体与哺乳动物不同：雄性个体的是 ZZ，雌性个体则为 ZW。

鸭嘴兽很奇特，它们的细胞中含有 5 对性染色体，所以有 25 种性别。哈哈，我们只知道，人类有男性，有女性，而鸭嘴兽竟有 25 种性别，真是难以想象！

知道了染色体，我们对生命的认识更进一步了。生命的遗传物质，就藏在这个房间里了。可是，究竟藏在房间的哪里呢？

帮我们解开这个秘密的，是豌豆。

豌豆？

是的，正是豌豆，告诉了我们自然界遗传与变异的秘密。

发现这个秘密的，是奥地利科学家格雷戈尔·孟德尔。

孟德尔和达尔文是同一个时代的人。当时，达尔文在研究进化论时，一直被一个百思不得其解的问题纠缠着，这就是遗传问题。

事实上，达尔文进化论最受非议的，就是遗传问题。他在进化机制方面似乎更多地谈到变异，而对于遗传，则说不清楚，总是模棱两可的。

奥地利的孟德尔把遗传的问题说清楚了。

1854 年夏天，孟德尔在修道院的花园里，种植了一些豌豆。他发现矮株的豌豆种子永远只能生出矮株，而高株的种子则不同，约占三分之一的高株种子代代生育高株，而其余的高株种子则生出一部分高株，一部分矮株，且比例总是 1∶3。

这样看来，矮株的种子属于纯种，而高株的种子里既有纯种的，也有杂种的。

那么，把矮株和纯种高株杂交，会出现什么情况呢？

结果，孟德尔有了一个惊人的发现：杂交生出的，全是高株！

但是，如果把这一代杂交出的高株进行自花传粉，得出的新一代，1/4 是纯矮种，1/4 是纯高种，2/4 是杂高种。

这个意外发现的规律，简

格雷戈尔·孟德尔

直是太神奇了！

孟德尔进一步研究认为，生物体表现出来的高矮胖瘦、大小和颜色等性状，只是人们能够感觉到的表面现象，而这些现象反复出现，一定有着某种内在的原因。他把这种决定性状的内在原因称为"遗传因子"，就是我们后来所说的"基因"。

孟德尔认为，由于有了遗传作用，生物在进化的过程中，就不会是连续的变异，而是不连续的变异。这与达尔文的连续变异的进化思想，是迥然不同的。

由此，孟德尔打开了现代遗传学的大门，被世人称颂为现代遗传学的奠基人。

孟德尔的学说在 20 世纪初掀起了一股科学热潮，遗传学迅速成为当时生物学家们的研究热点，"遗传""变异""遗传因子"等词语也成了非常时髦的流行语。

"遗传"简单来说，就是上一代的性状总会传给下一代，也就是我们常说的"种瓜得瓜，种豆得豆"。

而"变异"，就是在上代和下代之间又不可能完全相同，比如一些矮个子的父母会生出一些高个子孩子，总会有一些差异，这种差别就叫作"变异"。

后来，有科学家提出，"遗传因子"这个词使用起来不方便，就改成了"基因"。

然而，基因究竟是什么东西，当时的人们谁也没有亲眼见过。

人们只是猜测，基因一定孕育在细胞中，而且很可能就是染色体，或者在染色体上。

1908 年，美国的生物胚胎学家托马斯·亨特·摩尔根沿着"染色体是基因的载体"的思路，利用果蝇做实验，寻找基因。

在果蝇身上，摩尔根发现，生物遗传基因的确在生殖细胞的染色体上，而且基因在每条染色体内是呈直线排列的。

摩尔根还发现了基因的连锁和交换，如果我们把染色体看成是一个链条，那么基因就是构成

托马斯·亨特·摩尔根

链条的链环。有时候，链条也有丢失一个链环再补上的情形。正是染色体的断离与结合，产生了基因的"交换"。

这揭示了一个奥秘：染色体好比是传递基因的接力棒，它永不停息地从上一代传往下一代。

由此，摩尔根和他的弟子们建立了基因遗传学说，揭示了基因是组成染色体的遗传单位，它能控制遗传性状的发育，也是突变和重组的最小单位。

摩尔根因此获得了 1933 年度的诺贝尔生理学或医学奖。

那么，基因究竟是不是一种物质实体呢？当时的人们还是没弄清楚。

直到分子生物学时代的到来，人们才得以最终解开基因

之谜。

这次，要归功于一条带血的绷带。

早在 1868 年，瑞士科学家弗里德里希·米歇尔在一条满是浓液的绷带上，发现了记录遗传信息的"无字天书"——核酸。

他先是在带血的绷带上，分离出很多白细胞，再用酸溶解了包围在白细胞外面的大部分物质，得到细胞核。接着，他又用稀碱处理细胞核，得到了一种含磷量很高的未知物质，他把它定名为"核素"。

到了 20 世纪初，一些学者把核素的所有组成成分——戊糖、磷酸、嘌呤碱、嘧啶碱，全部辨认出来了。由于"核素"具有很强的酸性，后来科学界把"核素"叫作"核酸"。

可是，核酸跟基因又有什么关系呢？

20 世纪 30 年代，现代生物学进入分子生物学时代。美国生物化学家欧文发现，核酸中的碳水化合物，是由 5 个碳原子组成的核糖分子。他又发现，米歇尔在绷带上发现的"胸腺核酸"中的糖分子，仅仅比从酵母菌中发现的"酵母核酸"中的糖分子少了一个氧原子，因此，他把这种糖分子称为"脱氧核糖"。

此后，这两种核酸分别被命名为"核糖核酸"（RNA）和"脱氧核糖核酸"（DNA）。

啊，生命遗传的奥秘终于解开了：遗传的密码，就藏在 DNA 和 RNA 携带的基因信息中！

科学家认为，生命在本质上应该被视作是基因的载体。生命通过某种特定的方式和同类的基因相混合，把它们传递给后代，以延续种族。

而生命传递给每一个后代的，就是由生命密码组成的启动程序，是基因的特定组合。

事实上，当地球生命开始出现的时候，基因的传递就开始了，而且将永不停歇地传递下去。对于我们每个生命来说，都只不过是一个暂时的基因载体。

对 DNA 的进一步研究发现，DNA 呈双螺旋结构，就好像是由两条相互缠绕的链条组成的螺旋楼梯。

在双螺旋的链条中，碱基顺序总是彼此互补，比如腺嘌呤总是与胸腺嘧啶配对，鸟嘌呤总是与胞嘧啶配对，因此，只要我们确定了其中一

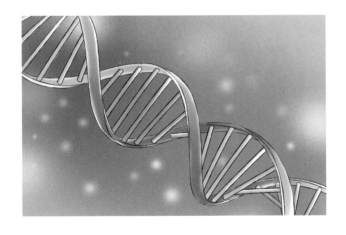

条链的碱基顺序，就能确定另一条链的碱基顺序。

也就是说，我们只需要以其中的一条链为模板，就能复制、拷贝出另一条链。

至此，千百年来一直困扰人类的生命遗传之谜终于被解开了！

从此，我们知道了，生命就是一个不断复制和进化的过程。

6. 破解 "生命的天书"

破解了生命的遗传密码之后，1990年10月，人类雄心勃勃地启动了一项伟大的计划。

什么计划呢？

破解人类的"生命天书"！

这项计划，被称为"人类基因组计划"。在这个计划里，科学家们打算用15年的时间，识别人类DNA中的所有基因（预测超过10万个），测定组成人类DNA的30多亿个碱基对的序列。

这是当代生命科学一项伟大的科学工程，与曼哈顿原子弹计划和阿波罗登月计划，并称为"三大科学计划"。

这项计划最先是由美国科学家在1985年提出的，并于1990年正式启动。随后英国、法国、德国、中国和日本也相继加入其中。

前面萌爷爷已经介绍过，人类的基因决定了人的生老病死，它存在于人体每一个

细胞内的 DNA 分子中。DNA 分子呢，在细胞核内的染色体上，由两条相互盘绕的链组成。

还记得"螺旋楼梯"吧？

是的，DNA 的双链就像一个"螺旋楼梯"，每一条链都是由很多的碱基组成，常见的碱基有 4 种，它们排列组合构成了基因。双链中的一条链上的碱基，总与另一条链的碱基相互配对。

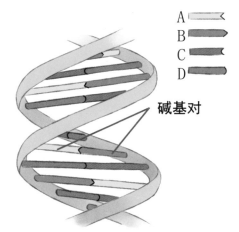

碱基互补配对原则

人类基因组计划，就是要把人类 23 对染色体上的碱基排列顺序一一测试出来，绘制成"基因图谱"——也就是我们所说的"生命天书"。

这些碱基的排列组合，是一个非常庞大的数字，多达 30 多亿个！

要知道，我们国家在 1999 年加入人类基因组计划后，仅仅承担了 1% 的测序任务。

到了 2000 年 6 月，经过 10 年时间，科学家们终于绘制出了人类基因图谱的"草图"。

2006 年 5 月 18 日，这是一个值得庆祝的日子，人类最后一个染色体的基因完成测序。

至此，破解人体基因密码的"生命天书"宣告完成！

从人类的"生命天书"里，我们发现了许多新的秘密。

比如说，科学家们原先估计人类的基因数量是 10 万个左右，甚至更多。结果呢，人类基因的实际数量，目前（2022 年），仅发现功能性基因 2.6 万多个。

什么？

这与一些开花的小植物，以及小蠕虫的基因数量，差不多嘛！

我们人类总以为自己高高在上，是万物的主宰，但其实我们和一只小蠕虫相比，并没有多大的区别。

在大自然面前，我们还是要保持谦逊的态度，敬畏自然，才是正道。

人类的"生命天书"虽然绘制完成了，但是要想读懂它，还需要科学家们更长时间的研究。

比如说，我们要搞清楚哪一段碱基的排列组合，表示一个什么基因，这个基因决定了人类的什么行为。

一旦确定了这些，人类就可能通过改变自身的基因，来治疗各种与遗传相关的疾病了！

也就是说，人类只有到真正读懂"生命天书"的那一天，征服癌症、心脏病、阿尔茨海默病等多种顽疾，

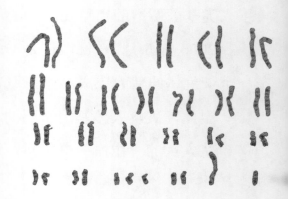

就不再是梦想！

好处还不止这些。

比如说，如果你知道了自己的"生命天书"之后，就可以懂得每天该吃什么，怎么吃。假如你从自己的"生命天书"分析报告得知，自己患心脏病的概率比较高，那么你最好选择高纤维、低脂肪的食品；不过，你也许可以放心大胆地享用牛排大餐，因为你所拥有的一个基因，大大减少了你感染疯牛病的风险。

当然，这仅仅是与我们生活休戚相关的一些好处。往更大的方面想，人体的"生命天书"一旦被破解，人类是不是就可以复制人类、改造人类了呢？

总而言之，人类"生命天书"的绘制完成，意味着人类生命跨进了一个新的时代，意味着人类已经得到了生命女神的"魔剪"。

咔嚓！咔嚓！我们再造生命奇迹、改造自我的那一天，不再遥远。

甚至可以说，以后的人类可能就不是人类了，是"异能人"，或者叫"新人类"。

人类基因的实际数量

我们到哪里去

二、走向"异能"
的人类

1."长生不老"的人

这里所说的"异能",不是指传统的"特异功能",而是指人类借助高科技改造自身的基因,从而增加或增强部分身体的机能。

比如说,长生和长寿是自古以来人人都期盼的一件事情。人间如此美好,没有人舍得离开。

知道古时候人们的平均寿命是多少吗?

说来你也许不信:只有30岁(准确说是在27~35岁之间)!

30岁?对于现代人来说,感觉才刚步入青壮年时期,人生就结束了吗?实在有些悲惨呢!

那是因为在古时候,生活水平不高,虽然天然环境不错,但毕竟医疗水平不高,所以,古人常说"人生七十古来稀",意思是说,能活到70岁的人非常少见。而活到80岁、90岁,甚至到100岁的人,那简直就是"活神仙"了。

这也是为什么古代有着那么多的关于长生不老的神话和传说了。

最典型的就是我们熟悉的《西游记》,与长生不老有关的故事就非常多:

人参果，吃一颗就能活 47000 年。

太上老君炼制的仙丹，吃了能够长生不老。

王母娘娘蟠桃园里的仙桃，有一种吃了能够长生不老，还有一种吃了能够与天地同寿。

唐僧肉，可以说是西游记里最出名的长生不老药了。因此，在师徒四人西行的路上，才会出现那么多的妖魔鬼怪，都想尝一尝唐僧肉。

可见，古人们对长生、长寿是多么渴求！

现在来看，我们身边 80 岁、90 岁的老人多的是，100 多岁的老寿星也非常多，毫不稀奇。

这是因为，现在的生活水平高了，医疗条件比古代好，只要懂得养生之道，心态平和，时时保持豁达的心理、积极向上的思想，加上注重合理的饮食与运动，一般来说想健康长寿并不是什么难事。

所以，现代人对于健康长寿的期望又变了。

现在人们的期望是：还想再活 500 年！

有没有可能呢？

有！

不是萌爷爷在这里吹牛，这是科学家们自己说的。

2000 年 6 月 26 日，参加人类基因组计划的六国科学家共同宣布，人类基因组草图（就是我们前面所说的人类"生命天书"）的绘制工作已经完成。重点来了：参与此计划的科学家预言，人类今后有可能人人活到 1200 岁！

活 1200 岁，这话出自处事严谨的科学家之口，可不是开玩笑。这样说，是有科学依据的。

这是因为，人类基因组计划完成以后，科学家们将在可预见的未来，搞清是哪些基因在管理人的寿命钟，主宰人的生、老、病、死。

搞清这些基因的 DNA 序列后，科学家们就可以拿起生命女神的"魔剪"，咔嚓！咔嚓！重新设计和管理寿命钟的基因了。

科学家把能使人活上 1000 岁的寿命钟基因，置入用生物芯片装备的生物电脑人中（这种生物电脑人只有一个 DNA 分子大小），让生物电脑人通过血液进入人体里。生物电脑人会使用分子手术刀，将人体 40 万亿～60 万亿个细胞中的旧寿命钟基因切割下来，置换上能使人活上 1000 岁的寿命钟基因，这样人就能活上 1000 岁了。

当然，要实现人人活千岁的理想，还需要做很多工作，也许还要花不少时间，但这绝非科学幻想，而是一种基于现有科研成果的科技前瞻。人类"生命天书"的完成和 DNA 芯片技术的不断完善，已经扫清了人类长寿的主要技术障碍，人人活千岁的可能性与日俱增。

凡事都有两面性，人人活千岁这样的好事，也并非每个人都赞成。有的人就认为，活得太老没有意思；还有的人认为，老年社会很可怕，年轻人的负担太重；此外，也有人担心，到处都是1000多岁的老人，会让地球人口爆炸，地球无法养活那么多人……

萌爷爷觉得，这些担心都是多余的。现在的一些国家，已

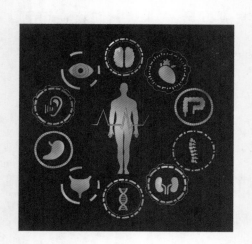

成功地实现了计划生育，人类完全可以按地球的承受能力，来控制地球人口的总数。享有千岁的人，也不必为自己太老或社会老年化发愁。科学家在设计千岁人的基因组时，会考虑放缓人类衰老的步伐，使百岁之人的生理年龄只相当于目前10岁的人的生理年龄，200岁的人的生理年龄只相当于目前20岁之人的生理年龄。这样，你就不会觉得自己太老了。

当然，人类基因也不能随意改造，要充分考虑改造后的正面影响和负面影响，在征得"地球村"公民的同意后才能进行。

人类"生命天书"完成以后，来自37个国家的450名科学家签署了一份《希洪生物伦理声明》，指出人体基因图谱是全人类的财产，要求世界各国政府和联合国有关组织对正确使用生物技术进行立法。而在此之前，联合国科教文组织就已通过

了《世界人类基因组与人权宣言》，规定从事基因活动的前提，是要尊重人的尊严和自由，承认人类的多样性。我们相信，人类享有千岁的进程，会在国际社会的监督下，有序地进行。人人享有千岁的日子，不会是梦。

不过，你可能会觉得，萌爷爷，你说的千岁人，有点儿虚无缥缈，不知猴年马月才能实现哦！

别悲观，萌爷爷告诉你一个好消息：科学家们现在已经研究出几种真正的长寿药，让人类有机会最少能活到150岁了。

150岁，嗯，这听起来还靠点儿谱。

美国《自然》杂志从目前五花八门的"长寿"研究中，总结出7个最有效的方法：运动、热量限制、senolytics（抗衰老的药物）、雷帕霉素、二甲双胍、sirloins 激活剂、NAD^+前体。其中的 sirloins 激活剂和 NAD^+ 前体这两个，都指向了 β - 烟酰胺单核苷酸（NMN）。科学家认为，β - 烟酰胺单核苷酸是21世纪长寿科研领域最大的突破。

这7个最有效的长寿方法中，最靠谱的长寿药有三种。

第一种是二甲双胍。这是用于治疗糖尿病的药，科学家发现这种药同时具有抗氧化抗衰老的作用。

第二种是雷帕霉素。它本来是一种免疫抑制剂，用于器官移植后抗排异反应。科学家的试验研究已经证明，雷帕霉素能够延长酵母、蠕虫和果蝇的寿命。至于是否可以成为长寿药，还需进行大量的研究。

第三种是一种叫 NMN（β－烟酰胺单核苷酸）的抗衰老药。NAD$^+$是人体内抗衰老辅酶Ⅰ，NMN 是合成 NAD$^+$的关键中间体。美国哈佛大学医学院的科学家研究发现，小白鼠服用 NMN 一周后肌肉机能达到 6 个月时的状态，且寿命延长 20%。因此，NMN 被喻为"长生不老药"。

NMN 是一种天然物质，在西兰花中含量比较多。不过，要达到有疗效的剂量，一个人一天要吃 54 千克的西兰花。哈哈，这听起来简直是不可能的。

美国哈佛大学医学院的科学家预言，由于有了 NMN，人类可能会突破 120 岁寿命的极限，达到 150 岁以上。

2."自我复制"的人

"自我复制"的人，指的就是"克隆人"。

克隆人，我们前面已经说过。克隆羊多莉的问世，从技术上来说，我们实在是找不出任何理由说克隆人不可能成功。

事实上，目前较大的压力，来自道德上的做与不做，而不是技术上的能不能做的问题。

现在，试管婴儿的做法已经非常成熟而且是合法的，它是把男女双方的精子和卵子放在试管里去"受孕"，一旦受孕成功，受精卵立刻开始分裂，大约只需要几天时间，现成的、活生生的人类早期胚胎就会出现在眼前。然后，再把早期胚胎放回母体内，后面的步骤，就和自然受孕的过程是一样的了，该胚胎会在妈妈的肚子里成长为可爱的小宝宝。

如果要克隆人，只需要在"试管婴儿"的基础上，把人类体细胞里的细胞核取出，放入除去细胞核的卵母细胞里，进行融合后，得到新的卵母细胞，培养成胚胎，后面的步骤与"试管婴儿"是一样的了，只需要

把胚胎放回到母体内，就孕育出宝宝啦。

可见要克隆人，从技术上来说，并不是什么太难的事。难的是解决道德和伦理的问题。

就算是未来允许克隆人了，要面临的问题也很多。

比如说，你会不会被"假冒"？

假如有人基于某种原因或某种企图，拿到你的一根头发，或一块皮肤屑，或一滴血液，或一滴唾液，是不是就可以复制出另一个你了？

如果这个人心理变态，对你嫉妒仇恨，复制出另一个你来进行虐待，以宣泄心中的仇恨情绪，你该怎么办？如何来保护自己的权益？

还有，复制出的另一个你，你该如何称呼他（她）？他（她）算是你自己呢，还是算你的儿子或女儿？你真正的儿子或女儿又该如何称呼他（她）？他们如果年龄一样大，你真正的儿子或女儿叫他（她）爸爸或妈妈，合适吗？

目前这些伦理道德上的问题还远未解决，法律也不允许，所以克隆人是不会出现的。

3."转基因"的人

"转基因"的人，是指用转基因技术制造的新人类。

我们常听说的"转基因大米""转基因玉米"等等，都是利用转基因技术，改变了其中的一些基因，而得到的某些方面性能更好的食品。

转基因人也一样，是通过改变人体的一些基因，而得到的更加优秀的人。

"无敌超人"，也有可能因此而诞生！

"转基因人"是"生化人"的一种。什么是"生化人"呢？所谓的"生化人"，指的是那些非自然产生的，用生物化学技术创造出来的人造人。

随着现代合成生物技术的问世，"转基因人"以更快的速度首先来到人类面前。

转基因人的出现在全球范围内引起了关于伦理的激烈争论。

为什么呢？

因为世界上绝大多数的科学家，都在尽量回避采用修改人类基因的技术。遗传学家担心，有一天这种技术可能会被用于制造拥有指定特征的新种人类，如拥有高智商和强壮体魄的"无敌超人"，那对于原来的人类来说，这也许会是一场灾难。

所以，这一实验和研究成果，遭到了许多专家的严厉批评和强烈反对。

但不管怎样，"转基因人"还是出现了。这些转基因宝宝，本身是无罪的，他们也有生活下去的权利。

由于这些"转基因人"转的还是人的基因，不像某些跨物种转基因，如转基因水稻，转入的是与水稻风马牛不相及的基因。

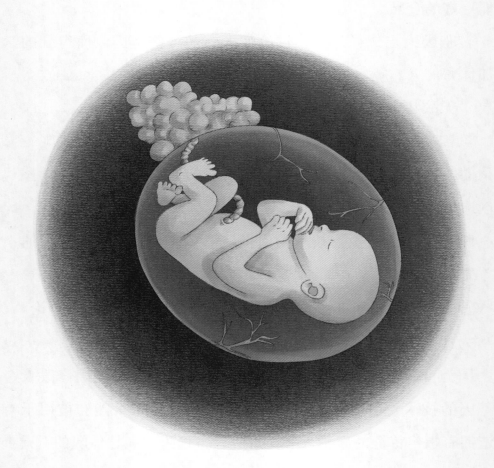

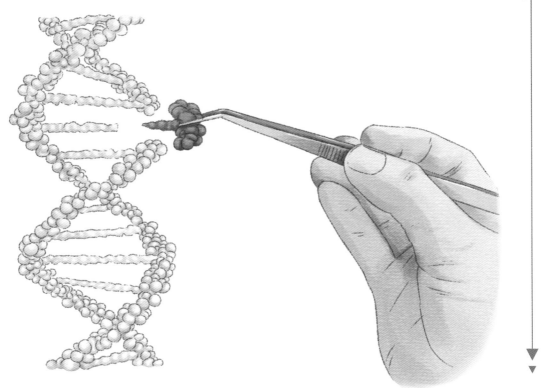

但是，如果任由转基因科学家搞下去，说不定将来会把鳄鱼的基因转到人身上，那就真的要出现诸如"鳄鱼人"等转基因怪物了。

想一想，难道不可怕吗？

这会让人类面临一场巨大的生存危机。可以说，人类干预自然的力量，已经到了可以毁灭人类自身的地步。

反对转基因的人士担心，转基因技术以及正在发展的合成生物学，会对生态平衡造成破坏，危及地球人的生存。这绝非杞人忧天，必须高度重视。我们改变了自然规则，从获得大自然的恩赐，转为向大自然过度索取；地球生命，从自然进化走向了人工进化，这样做是否可行？

这让科学家们处于两难之中。

人类如果不向大自然索取，该如何生存发展？

人类如果向大自然索取，又该如何避免生态失衡带来的灾难？

人类在充当"造物主"的角色，制造人工生命，用人工进化代替自然进化，掌控生物界，包括人类自身进化方向时，一定要有个度，千万要慎之又慎，适可而止。

4."光合作用"的人

你有没有想过，如果我们人类的肤色是绿色的呢？

假如人类也能像植物那样进行"光合作用"，会怎么样呢？

想想这样的情景：炎炎夏日，你舒舒服服地躺在海滩上，倾听着波涛拍击海岸的声音，沐浴着和煦的阳光，而此刻你的身体正在直接利用阳光、空气和水，获得自身需要的营养。

是不是很棒？

这并非异想天开，而是科学家的一个改造人类的计划，就是创造绿色人类新物种，让人体也能进行光合作用。

我们知道，光合作用是绿色植物在阳光的照射下，体内的叶绿体把水和二氧化碳制成碳水化合物并释放氧气的过程。科学家们发现，叶绿体里有

独立于染色体外的遗传体系，能够独立自主地进行遗传物质的复制。

叶绿体的这种特性，使基因工程师们想到，能不能使叶绿体离开植物细胞，在发酵工厂里像细菌一样大量繁殖，并在工厂里进行光合作用，生产粮食，使人类摆脱传统的依赖土地和绿色植物的生存方式呢？

科学家们做了大量的实验，证明了叶绿体在一定的条件下，是可以离开植物细胞短暂地、独立地生存，行使功能，并进行分裂繁殖的。

真不错！

更有意思的是，科学家发现叶绿体还能够在动物体内生存，并进行光合作用！

比如，一些海生的软体动物吃了某些海藻以后，叶绿体并未被消化掉，而是残留在其消化道的细胞中。这些细胞，能依靠这些叶绿体进行光合作用。

是不是很神奇？

类似的例子还有很多。比如美国宾夕法尼亚大学的玛吉·纳什博士，把老鼠的成纤维细胞浸在一种营养液里，结果发现，这种细胞能吸收从菠菜和非洲紫罗兰中提取出来的叶绿体。

这些实验，让科学家们在研究利用叶绿体实现粮食工厂化的同时，也开始认真研究叶绿体能不能进入人体的细胞，让人也具有光合作用的能力。

科学家设想，将叶绿体或合成叶绿体的基因，植入到人的受精卵中，由此进入人体的结构，那么，人或许就能直接利用阳光合成各种营养物质了。

这个想法真是奇妙啊！

想想看，如果我们人体能直接吸收太阳能并利用太阳能，就不会再担心缺少粮食了！到那时，广大的原野就不需要大量栽培粮食，人们可以在鲜花铺盖的田野中，建起幢幢美丽的别墅，愉快地工作和生活。

更重要的是，我们的身体也在吸收二氧化碳，释放出氧气，顺便解决了大气污染的问题。空气会变得更加清新，生活会更加美好！

哈哈，这在目前看来，当然还纯粹是一种幻想。

不过，我们相信，人类一旦有了一个奇妙的设想，就不会轻易放弃，或许，将来真有可能会实现。

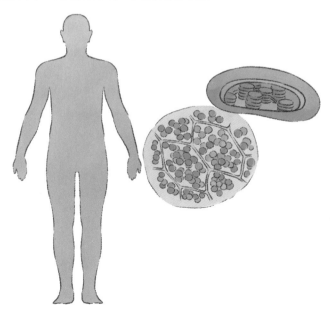

5."永不会死"的人

试想，人类有没有可能永远活着，不会死去呢？

首先，我们来看看，人为什么会衰老死亡。

人之所以会衰老死亡，是因为我们身体的细胞老化死去。

我们人体的细胞大约有 40 万亿~60 万亿个，这些细胞大约每 6~7 年就要更换成新的细胞。这是因为，细胞能够进行分裂，生成新的细胞，具有再生的能力。胎儿的细胞，大约能分裂 50 次左右，才衰老死亡；20 岁左右的年轻人，细胞分裂次数减少，接近 30 次；70 岁以上老人的细胞，只能分裂 10 多次，并显得干瘪、有气无力。

当细胞老化得无法再分裂时，人就会死去了。

那么，细胞为什么会老化呢？

研究发现，细胞老化的根源，就在细胞核的染色体上。在人体细胞染色体的末端，有一串像"念珠"一样的结构，称为"端粒"。我们的细胞每分裂一次，端粒上的"念珠"就要减少 5～20 小节，长度就会缩短。所以，端粒长度的多少，决定着细胞寿命的长短。当端粒全部消失时，细胞的功能就会发生紊乱，染色体的稳定性随之下降，更容易发生变异，最后解体，细胞的寿命跟着也就中止了，生命就走到了尽头。

这就是为什么端粒又被称为细胞"生命时钟"的原因。端粒就像细胞寿命的时钟，当生命一分钟一分钟地消耗，大限一到，导火索立即引爆，一切生命现象便不复存在。

但是，有一种细胞，端粒却不会消失，每当端粒即将全部消失前，又能复制出新的端粒，所以它们永远都不会老化、死去。

什么细胞这么神奇呢？

说出来可能会吓到你：癌细胞。

癌细胞？

是的，说到癌细胞，你可能会感到害怕。但你可能不知道，癌细胞虽然可怕，却也有其有用的一面呢。

1951 年，美国有一个叫海里埃塔·拉克丝的黑人妇女，被确诊患了子宫颈癌。那一年，她才 31 岁。为了研究子宫颈癌的病变机理，科学家从海里埃塔的身上取下一部分癌细胞，放在实验室里进行培养。结果，科学家发现这些癌细胞不断分裂，在短短的 24 小时内，数目竟然增加了一倍！

神奇的是，这种细胞在人工培养的条件下，不仅不会死亡，而且会一直繁衍下去。这一特性，引起了世界各国学者和研究人员的极大兴趣。我们知道，大多数动物细胞虽然也可以人工培养，但在经过几十代繁殖之后，就会一个一个地死亡。但海里埃塔的癌细胞不会，它们被视为"不死的"细胞，甚至可能永生。它和其他一般的人类细胞不同，不会衰老致死，并可以无限地分裂下去。

所以，科学家们用海里埃塔·拉克丝的姓名缩写，为这种癌细胞进行命名，叫作"海拉细胞"。

从 20 世纪 50 年代开始，海拉细胞从美国出发，开始到许多国家的实验室"定居"。在一些大学、医学研究部门的实验室中，我们都可以找到海拉细胞。

科学家们观察到，在海拉细胞分裂时，端粒也会发生变化，但每当端粒即将全部消失前，便能产生一种酶，这种酶能修复细

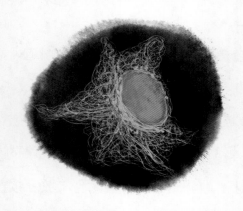

胞分裂时产生在染色体末端的某些伤口，使伤口得以弥合，既避免了老化趋势，又能复制出新的端粒，使细胞的分裂得以继续下去。

这样，由于端粒的不断复制，使得海拉细胞不断获得新生，只要有寄居的地方，它就能一直分裂，永远不会死去。

由此看来，癌细胞的确是太恐怖了，它们不会被杀死！

现在人类治疗癌症，主要是采用"堵"的方式，抑制癌细胞的增长或杀死癌细胞。但是癌细胞的分裂速度太恐怖了，这也是为什么癌症一般来说很难治愈的原因。

其实，在我们的人体里，人人都有原癌基因，但不是都能发展为癌细胞。

原癌基因是干什么的呢？它呀，主管细胞的分裂、增殖，没有它还不行，因为人的生长需要它。

可是，细胞也不能无限制地分裂下去啊，那不成了癌细胞吗？

所以，为了管束原癌细胞，人体内还有抑癌基因。平时，原癌基因和抑癌基因就像天平一样维持着平衡。一旦有致癌因素的加入，原癌基因的力量就会变得很强大，抑癌基因的力量变得弱小，管不住这位不听话的任性的"兄弟"，体内的平衡状态被打破。于是，正常细胞也开始"叛变"，开始疯长，无限制地分裂，形成恶性肿瘤。

癌细胞的分裂速度很快，这个速度要用倍增的时间来计算。就是1个细胞分裂成2个，2个再分裂到4个，以此类推，累积到10亿个以上人们才会察觉。可是，就算是10亿个，也用不了多长时间，胃癌、肠癌、肝癌、胰腺癌、食管癌的倍增时间平均是33天，乳腺癌倍增时间是40多天。由于癌细胞不断地成倍增长，因此癌症越到晚期进展得越快。

让我们回到海拉细胞上。科学家们之所以对海拉细胞感兴趣，是因为假如我们换一种思维方式，让癌细胞分化成正常细胞，那又会怎样呢？

啊，那我们的细胞就不会衰老死亡了！

对的，假如我们能将癌细胞的这种终身保持分裂能力用到身体的正常细胞上，就可以让身体细胞永远保持生命的活力。而要是我们的身体细胞不会衰老死亡，那意味着我们就可以永远不会死去，获得永生了！

6. 仿生人

　　如果你喜欢看科幻类型的影视，那么你可能看过《终结者》《人工智能》《西部世界》《与机器人共舞》等电影或电视剧。

　　在这些科幻影视剧中，会出现一些机器人，它们在外观上，长得跟真人一模一样，有皮有肉，会说会笑。但是，它们都是人类创造出来的机器人。

　　它们有一个共同的名字，叫作"仿生人"。

　　仿生人又叫仿真机器人，指的是以模仿真人为目的制造的机器人。比如，在《人工智能》电影中，主人公是一个非常可爱的机器人小男孩，从外观上看，你完全看不出它是一个机器人。

　　这部电影讲述在 21 世纪中期，一些父母失去了自己的孩子，于是一家人工智能公司研制出了具有人类情感的仿生机器人。

　　这个名叫大卫的仿生机器男孩，和人类小孩一样天真可爱，被一对夫妇收养，以代替主人家里身患重病的亲生儿子。但是，当主人家的亲生儿子痊愈后，留给大卫的却是被抛弃的悲惨命运。于是，大卫只好踏上旅程，去寻找真正属于自己的地方，并想要成为一个真正意义上的人。

　　又比如，《终结者》中的仿生人 T-800，最初是一个冷酷杀手的形象，他拥有一身强健的肌肉，内部却是由机器组成，他被制造出来是为了完成捕杀人类的任务。这个由施瓦辛格饰演的硬汉机器人角色，在续集里变成了未来人类领袖的守护者，开始显现出铁汉柔情，还与人类男孩之间产生了的友情。

美剧《西部世界》中，则充满着各种惟妙惟肖的仿生人，他们身体的每一块肌肉、每一条纤维、每一根毛发，都是高度模拟人体的结构，由 3D 打印机打印而成。一开始，这些仿生人并不知道自己是由人类制造出来供人娱乐的玩具，每天都像物品一样被人类随意杀戮玩弄，被杀死后又被修复、复活，重新面对被杀的命运。到了后来，他们逐渐有了自我意识，开始走上了反叛人类统治的道路。

你可能会说，萌爷爷，你说的这些都是科幻影视剧里面的，现实生活中不可能有吧？

你还别说，现实生活中还真的有仿生人被制造出来了。

2013 年 2 月 5 日，世界上第一个"仿生人"在英国诞生。这个名为"雷克斯"的仿生人，是英国科学家利用来自世界各地的最先进人造假肢和器官打造而成的。他是一个五官俊俏的帅哥，身高约 1.8 米，造价昂贵，大约为 100 万美元。

这个仿生人，全身安装了人造皮肤，体内还装有人工胰脏、肾脏、脾脏等器官和血液循环系统。他的眼睛包括一个植入了芯片的视网膜，以及一个置于眼镜上的相机。相机采集的图像，可以变成信号发送到大脑里，并转化成形状和图案。

完成后的仿生人可以走路、聊天，并且说出自己的名字，告诉别人他喜欢的时尚品牌，还能唱饶舌歌曲。

雷克斯的面容，是依照英国一家电视节目的制片人、瑞士心理学家贝托尔特·迈耶博士塑造的。迈耶出生时就没有左手，身上有个价值 3 万英镑的仿生肢。

雷克斯的脚和脚踝是由美国麻省理工学院休·赫尔博士研发的。他在一次登山事故中因为冻伤失去了双腿，便为自己安装了人造脚和脚踝。这些人工脚和脚踝上装有感应器，可以读取身体运动进而提供走、跑、跳所需的适量能量，还能模仿腓肠肌和跟腱的运动，使脚部运动更为自然和灵活。他说，他现在的登山表现，比事故之前还要好。

制造雷克斯的科学家们说，他们希望借助这个仿生人，探索科学技术可能发展到哪种程度。他们说，希望这项技术有朝一日能用来对人体衰竭的心脏、肾脏、

胰腺和脾脏等进行替换，从而解决世界范围内捐赠器官不足的问题。

事实上，科学家们研制的人造心脏，已经拯救了许多生命，有超过 1000 人移植了这种由电池驱动的心脏。在找到合适的捐赠心脏之前，它们可以用来替代生病的心脏进行工作。

被模仿了容貌的迈耶博士说："这的确让人感到又兴奋又有点儿害怕。现在我们身处的这个时代，科学技术的发展，已经让我们能够看到进化极限之外的可能性。"

先进的假肢和人工器官研究意味着，科学家不仅很快就可以对身体部件进行替换，而且可以对其加以改进。人类会不会走向一半是机械、一半是真人的结合体？人机合成人，会越来越多吗？会不会有恐怖的机械怪兽出现？

所以，仿生人雷克斯的问世，也引起了伦理道德方面的争议。

美国波士顿大学的生物伦理和人权教授乔治·安纳斯就警告说："我认为，当涉及我们身体的时候，我们就有了变成'非人'的危险。创造一个新物种，它可能会反咬我们一口，就好比弗兰肯斯坦的故事。"

《弗兰肯斯坦》是英国作家玛丽·雪莱在 1818 年创作的一部长篇小说，也被译为《科学怪人》《人造人的故事》等。该作品被认为是世界第一部真正意义上的科幻小说。小说讲述一个热衷于研究生命起源的生物学家，名叫弗兰肯斯坦，他怀着犯罪心理频繁出没于藏尸间，用不同尸体的各个部分拼凑成一个巨大人体。当这个怪物终于获得生命睁开眼睛时，弗兰肯斯坦被他的狰狞面目吓得夺路而逃……

这的确是够吓人的。

的确，生化人的出现既有好的一面，但也会同时带来不可控的危险。

当人工智能发展到极致时，这些超强的人工智能，它们跟

玛丽·雪莱

人类一样拥有情感，拥有喜怒哀乐，它们会选择遵循人类的社会道德，还是会秉承优胜劣汰的进化论观点，消灭人类？

这不由得让越来越多的人担心：人工智能发展的下一阶段，是否会进化为"终结者"？

然而，《与机器人共舞》这部电影里，也提出了机器智能发展的另一种可能：仿生机器人不会取代人类，而是像钢铁侠、高达一样帮助人类，这样的设备只是弥补人类在海量计算与存储方面，以及肉体脆弱的不足，而把抽象的情感，以及重要事务的决策权保留在人类手中。

在这样的未来世界里，我们将与仿生人互补地共同生存，再也不用担心人工智能消灭人类。这些仿生机器人，既不是我们的仆人，也不会成为我们的主人，而是与我们休戚与共的伙伴。

会是这样的美好结局吗？对未来只有拭目以待。

7. "人面兽心"的人

现在，人体器官移植已经是很普通的事。

我们经常可以看到，在父母与子女之间，或者是兄弟姐妹之间，甚至是陌生人之间，移植心、肾、肝、肺、眼角膜等器官和组织。

2019年4月3日，我国就出现过一个感人的事件。这天，云南举行了一个缅怀人体器官捐献者的纪念活动，5位身穿篮球运动服的男女老少，对着镜头，每个人说出一句让人听起来很费解的话：

"我是叶沙的肾。"

"我是叶沙的眼角膜。"

"我是叶沙的肺。"

"我是叶沙的肝。"

"我是叶沙的眼角膜。"

叶沙是谁？为什么他们都提到了叶沙？

原来在两年前，一个名叫叶沙的16岁男孩，因脑溢血不幸去世。去世之后，他的器官被捐献了出来，让天南地北的5位受捐者重新获得了新生。为了感谢叶沙，实现他生前的篮球梦，这 5 位受捐者组成了一支名为"叶沙"的篮球队。在各方支持下，这支篮球队还走上了 2019 年中国女子职业篮球联赛的全明星赛场。

这样的例子还有很多。

器官移植，作为 20 世纪出现的针对器官功能衰竭最有效的治疗方法，每年拯救数以万计的器官功能衰竭患者，被称为是一场"阳光下的生命接力"，得到了广泛的社会认可。

但是，人体器官资源毕竟是有限的。目前，全世界患者对器官的需求量已经大大超过供给量，仅我们中国每年就约有 30 万患者在等待器官移植，而合适的"供体"仅能满足其中很小的一部分。在美国，每年大约有超过 7000 名患者因不能及时获得器官移植而死亡。科学家曾预测，2030 年生活在美国的心脏衰竭成人数量将达到 800 多万，其中很多人将在等待供体器官的过程中死去。

于是，有人就想到了，如果人类可供移植的器官不够，那么是不是也可以用动物的器官呢？

这听起来的确不错。不过，遗憾的是，人体可怕的排异反应和动物器官与人体器官的差异，几乎成了不可逾越的障碍。

事实上，科学家们长期以来就一直在尝试将动物器官移植到人类身上。20世纪60年代，美国杜兰大学教授凯斯·雷姆茨马曾把黑猩猩的肾脏移植到人类身上，但这项实验失败了，因为出现了排斥反应或感染。

1984年，一个婴儿接受了一只狒狒的心脏移植手术，但在一个月内就死亡了。

后来，科学家们不得不终止了对黑猩猩的研究，把实验对象转到了猪的身上。

为什么会选择将猪作为人类器官移植的理想提供者呢？黑猩猩和猴子不是更与人类接近吗？

这是因为，猪和类人猿、猴子相比，具有更多的优势。

首先，猪的器官只需要几个月就能长到合适的大小，而猴子则需要10～15年；其次，猪的器官大小、形状也与人类的器官相仿。

此外更重要的，是因为人们习惯了把猪当成食物，选择猪作为器官移植的提供者，从伦理上来说，让人们在心理上更容易接受一些。

但是，猪和人之间的生物学差异，使得移植排斥也成了困扰科学家们的一大难题。

好在现在我们有了转基因技术，可以用来解决这一难题。

20世纪90年代，美国的大卫·萨克斯博士，就利用转基因技术，消除了在猪体内发现的一种会引发人体免疫系统反应的分子。这一简单的基因修改，使得人体不再排斥面积较小的以及临时的猪皮肤移植。

然而，要确保整个移植器官能够在人体内存活多年，研究人员们还需要对猪的基因组进行更多的改变，并为接受移植者开发新的免疫抑制药物。

2008年，英国剑桥大学的研究人员，成功培养了一种转基因猪，它们的血管壁上附有一种特殊的蛋白质。这种特殊的蛋白质，能够抵抗人体免疫系统排异反应的伤害。

这让转基因猪的器官用于人体器官移植的工程，出现了曙光。

2016年，由美国穆罕默德·莫胡丁博士领导的研究团队称，他们在狒狒体内移植了转基因猪的心脏，平均存活时间超过了一年。其中有一只狒狒活了两年半多，打破了此前从猪到灵长类动物心脏移植的记录。不过需要说明的是，这项实验里移植的心脏对接受者的生命维持并不重要（换句话说，即猪心和狒狒原有的心脏共存）。

莫胡丁博士认为，一旦有了理想的猪供体，而且它们提供的器官能存活更长的时间，我们就不需要更换新的人类器官了。

而德国的科学家则取得了更大成就。2018年12月5日，《自然》杂志发表的一篇德国心脏外科医生布鲁诺·雷查特的论文，宣称他们成功地把基因修饰后的猪心脏移植到狒狒身上，并最长存活了 6 个月。移植猪心脏之后的狒狒，在围栏里蹦蹦跳跳，吃着芒果和鸡蛋，还会看电视动画片如《汤姆和杰瑞》《阿尔文和花栗鼠》。

论文指出，在之前的实验中，研究者们把猪心移植到了狒狒体内，使猪心和狒狒原有的心脏共存，其中一只狒狒存活了

3 年。而移植猪心脏完全替代狒狒心脏的情况下，狒狒存活的最长纪录是 57 天。

然而，这种方法被认为太危险，还无法在人体中进行测试。

布鲁诺医生认为，异种移植之所以困难，其挑战主要有两方面：

一是猪基因组中含有猪内源性逆转录病毒基因，有可能传播给人类。对于这个问题，"基因魔剪"技术的出现，已经可以对猪细胞全基因组进行高效、精准编辑，实现了经基因编辑不含猪内源性逆转录病毒的猪仔诞生。

另一个问题是免疫排斥，就没有那么好解决了。开发和使用免疫抑制药物，可以说是一种没有办法的办法，因为抑制了人体正常的免疫功能，也就将人体暴露在了更多健康威胁之中。但是，即便是使用最好的免疫抑制药物，目前的器官移植存活率和存活时间也十分不乐观。

我国的转基因猪用于人体器官移植的研究，也已经启动。目前，中国是生产转基因猪最多的国家之一，并在研究转基因猪器官移植领域处于领先地位。如果猪器官能够成功移植给人体，中国将成为全球最大的移植器官仓库。

无论如何，科学家们正通过"基因魔剪"新技术，大大改进了异种器官移植的方法，已经使得临床移植心脏移植更加接近现实。国际心肺移植学会 2000 年提出的建议表明，一旦60％灵长类动物猪心脏移植可以存活 3 个月，且至少 10 只动物在这段时间内存活，并且有一些迹象表明可以延长生存期，就可以考虑进行人体临床试验。

在可以期待的未来，人类使用转基因动物的器官将成为现实。到时候，将会有越来越多的动物器官被移植到人体内，大大缓解器官移植供体数量不足的难题。

那么，未来的人类就会有相当一部分是"人面兽心"的啦。

哈哈，这听起来的确不太雅观，但与获得新生的宝贵生命相比，这些又算得了什么呢？

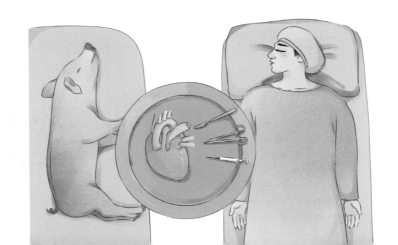

我们到哪里去

三、走向未知的人类

故事广播站
科普小课堂
趣味测一测
百科小常识
微信扫码

1. 人类，将变得越来越不像人

前面我们所谈到的人类，还属于与人类同种的范畴，充其量是变种，他们之间没有种与种之间的生殖隔离，是可以通婚的。

但是，科学家们的一些研究，已超出了这个底线，正在把人类推向一种不可知的未来：将来的人类，或许会变得越来越不像人。甚至，人类的概念将会被改写。

什么？

人类，将变得越来越不像人，那是什么？

不知道。或许什么都不是。他们可能会触摸不到，他们将凌驾于生命之上，他们可能只是一些电子元件，生命可以进行

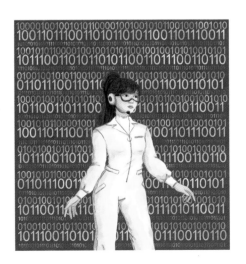

无数次的修修补补；他们也可能只是一些"0"和"1"的数字，存在于虚幻的世界里。

他们，可能是一些与我们完全不同的新生物物种，和我们有着生殖隔离，不能够通婚。

这些新人类，或许会完全代替现有人类，消灭现有人类，

成为地球的新主宰、造物主、神人。

你可能会说，萌爷爷，你是不是又在异想天开，这可能吗？

萌爷爷不是在异想天开，的确有这个可能。

萌爷爷请你想一想，在七万年前，当人类的一个基因改变，就使我们获得了特殊的语言能力和"八卦""虚构故事"的本领，从而使我们进行了第一次认知革命；而当人类掌握了生命女神的"魔剪"，可以随意制造基因时，会发生什么呢？

几乎可以肯定，智人会人工进化为"神人"，并开启第二次认知革命，使新人类进入一个更加高级的文明阶段。

这个新的文明阶段是什么？

不知道。有太多的可能性了。

其实，人类向前进化，是一种历史必然，你不进化就会被消灭。生命不易，灭绝我们人类的灾难有很多很多，可能会等不到我们自然进化出抵御这些灾难的新功能，人类就有可能会被灭绝。

所以，我们不能坐以待毙。

人类只有抱团取暖，有序地实现人工进化，或许这才是一条出路。

接下来我们就讲一讲，未来经过人工改造、人工设计过的非自然人，有可能会进化成哪些"新人类"。

一起来畅想一下吧！

2. 人机复合人

在未来可能出现的种种"新人类"中，最有可能出现的，便是人机复合人。

什么是人机复合人呢？

简而言之，人机复合人指的是人机结合的半机器人。

人机结合已不是什么新的概念了，人们通过机器或外部设备，来增强人类自身的功能。

关于人机结合的最初设想，只是用机器系统来维持人脑存活。这是现实中医学领域人造器官的极端夸张：既然出现了各种人造器官，那么，就让我们把除了大脑外的整个身体换成机器，看看会出现什么结果吧。

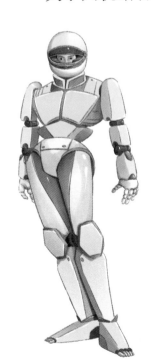

事实上，人机结合半机器人，早就出现了。但是，由于以前机器的表现实在太差劲，人们普遍把这些人机结合人看作是"科学怪人"。

1998 年 8 月 24 日，英国雷丁大学的凯文·克里克教授在自己身上，做了一个惊天动地的手术：他把一块电脑芯片，通过外科手术植入自己的手臂。

这块芯片中，携带着64条指令。这些指令，包括房门或电灯的开关、调节温度等。

于是，好玩的事出现了。当克里克教授走向他的寓所时，院门会自动打开，电灯也会自己变亮；当克里克教授走进家门，家里的电脑会向他问好："早上好，克里克教授，你有五封电子邮件。"

当克里克教授坐在电脑旁，阅读电子邮件的时候，屋里的空调会自动打开，把室内的温度调到最舒适的状态；浴盆开始注水，把温度调到最佳，等克里克教授看完电子邮件后去洗澡。另外，热酒器开始注水并温酒，让克里克教授洗完澡后，可以喝上一杯温热的好酒……

这就是人机结合的好处。是不是很神奇？

但是，不知道真相的人，可能会被他吓死，以为他具有"特异功能"。

其实，克里克教授在人体内植入芯片的目的，是要寻求人脑与电脑交流的各种可能性。他把芯片与人的神经系统连起来，使得一些诸如透视、耳朵认字、意念控制电器等等，都会显得不足为奇，只要被植入了芯片后都有可能。利用这项技术，可以帮助那些身患残疾的人控制家里的电器；也可以跟踪定位孩子，以保障他们的安全，谨防他们丢失；还可以限制那些患多动症孩子的活动，等等。

人机结合以后，人类变成了半机器人，感知世界的方式也将发生巨大的变化，从物理的方式感知世界，转化成了电子式。

要知道，人类虽然是具有最高智慧的生物，但并不等于人类的任何方面都比地球上 240 余万种生物的性状优越。事实上，人类在某一方面的结构和功能远不如某些生物的某些结构和功能。比如，人的嗅觉不如猎犬，视觉不如猫头鹰、响尾蛇，猫头鹰可以在漆黑的夜间视物，响尾蛇具有人类没有的红外眼，能够在黑夜中"看见"散发出热量的活动物体。人类的肌肉组织不如老虎和狮子，人类器官的再生能力不如螳螂、蝾螈，等等。

因此，如果能够通过合成生物学技术，将其他生物的优秀基因移植入人体，编撰出集地球近 240 余万种生物优点于一身，甚至合成地球上生物不具有的基因整合成的"超人"，那将是一种怎样惊天地、泣鬼神的奇观！

当然，全面超过人类的"超人"，目前只在科幻小说中出现，但科学家们对人类局部功能进行改造，创造"超人"的构想却还在实施之中。

科学家们对人脑的进化十分关注，他们正在研究如何让人脑更为发达，使人脑的智慧永远高出机器人的智慧一个以上的数量级，这样，就可以避免科幻小说中常出现的人机交战时人类被机器人打败的悲剧出现。

你能想象生物芯片植入人脑的结果吗？如果把储存着人类

全部知识的生物芯片植入人脑，知识移植的梦幻便会成为现实。这个嵌入了生物芯片的人，该具有何等博大的智慧啊！

科学家们正在研发的纳米机器人，与生物电脑人有着异曲同工之妙。纳米级大小的超微型纳米机器人，可以扩展电脑的智慧，也可以扩展人类的智慧。如果将纳米机器人装入人类大脑的神经元中，我们就可以通过它下载知识，不再一代又一代地重复记忆，浪费青春时光。

将来，只要给不同的人植入不同的"纳米机器人"，就能让这些人执行不同的使命。比如说，给一个从未学过医的人植入懂医术的纳米机器人，那么，他就会帮人看病；给一个不会跳舞的人植入有跳舞程序的纳米机器人，那这个人就会在舞池中翩翩起舞；把装有飞机驾驶程序的纳米机器人植入人体体内，通过细胞接受信息，不用培训他就能驾驶飞机。

科学家预计，到2030年，人机结合的"新人类"就可能诞生。

到那个时候，电脑和人脑将不会有太大的区别。一方面，人类将拥有经过"纳米机器人"技术大大扩展了的生物大脑；另一方面，我们又将拥有纯粹的非生物大脑，这个非生物大脑是功能大大增强了的人类大脑的复制品。毫无疑问，有了经过功能改善的大脑，人类将进入一个新天地，拥有着难

以想象的智慧和难以估量的能力。这样，我们再也不用担心将来智能机器人会消灭人类了，因为人类也很强大，是与纳米机器人或智能电脑融为一体的人机合一的新人类。

如今，科学家对人机复合人的构想和设计，已越来越复杂。从转基因人＋芯片，到人＋芯片＋机器人骨架，再到基因重组人头脑＋机器心脏＋微型核聚变电站＋肉身，各种设计充满了挑战性，让人眼花缭乱，不知今后将选择哪种进化方向才好。

比如，有人设想，保留人的肉身，包括大脑和四肢、器官，只用合金骨架代替人体的206块骨头，并置换一个机器心脏，这个心脏是人体的控制中心，装有一个微型核聚变发电站，能量取之不竭用之不尽，可持续使用一亿年以上。同时，装上人工智能芯片，包括DNA、器官、细织、细胞自动修复芯片，以及想象力、创造力芯片，等等，把人类所有的成果集于一体。

这样的人机复合人，要多厉害有多厉害！

人机结合，可以说是一件关乎人类命运共同体的大事。这件大事不能随意进行，应该由地球村统一征求新人类方案，将优选的方案通过全球人类公决的方式进行表决。获得绝大多数人通过后，才能予以实施，并有序将现有人类逐个施行手术，用和平的方式全部变成新人类，实现从现有人类人工进化成新人类的和平过渡。

总之，科学的进步不可阻挡，由此所产生的负面效应，应由全人类共同努力去解决。

3. 灵境人

　　萌爷爷前面讲的人机结合人，还算是实打实的人类。下面要讲的，是更加虚幻、看得到摸不着的人！

　　几年前，著名的好莱坞大导演史蒂文·斯皮尔伯格拍了一部科幻电影《头号玩家》，展示了未来 2045 年的世界。一个名叫詹姆斯·哈利迪的鬼才游戏设计师，打造了一个完全虚拟的游戏宇宙——"绿洲"，人们只要戴上 VR 设备，就可以进入到这个与现实形成强烈反差的"灵境"世界中。

　　在"绿洲"的灵境世界里，有热闹繁华的都市，有各种虚幻的生物，也有形象各异、光彩照人的玩家，甚至不同次元的影视游戏中的经典角色也都在这里齐聚。也许在现实世界里，你只是一个挣扎在社会边缘的失败者，但在"绿洲"中，你可以成为超级英雄，再遥远的梦想都变得触手可及。

　　更有意思的是，学生们上课时再也不用到真正的学校里去了，坐在家中穿戴上 VR 设备，就会进入虚拟的学校中，和同学们一起坐在虚拟的教室里听老师讲课，感觉就像是坐在真正的教室中。

对了，这种感觉就像是 2020 年上半年因为新型冠状病毒肺炎疫情的影响，很多中小学的学生不得不在家里通过网络直播上课一样。只不过"绿洲"的灵境世界更真实，让你感觉完全像是身处学校课堂里一样。

更早的时候，还有一部科幻系列电影叫《黑客帝国》，讲述一名年轻的网络黑客发现我们所谓的现实世界，实际上是由一个名为"矩阵"的计算机人工智能系统打造的，所有的东西都是虚幻的。这部电影上映后，使得很多人都开始怀疑自己是不是也生活在虚拟的"矩阵"里。虽然在影片中没有出现 VR 设备，但背景设定其实就是处于虚拟的"灵境"世界中。

什么是"灵境"呢？

灵境也叫"虚拟现实"，简写为"VR"。钱学森院士将"VR"翻译为"灵境"。它是一种人机界面，在此环境中，我们看到的是全彩色主体景象，听到的是虚拟环境中的音响，手、脚也可以感受到虚拟环境反馈的作用力，由此使我们产生一种身临其境的感觉。现在有个时髦的叫法，称为"元宇宙"。元宇宙是用虚拟现实技术打造的数字虚拟世界，"灵境"是其中的一部分。元宇宙较灵境更进了一步，融合了 5G、区块链、VR、AR、3D、人工智能等技术，有着更多的交互与应用，并且与现实世界同步，能够实时共享，是与现实世界并行的虚拟数字世界。

在"灵境"中生活的人，我们称之为"灵境人"。

"灵境人"是怎样产生的呢？

"灵境人"靠戴一副 VR 眼镜、数据手套、体感服和大量的线路来实现。VR 眼镜是用两片微型视频屏幕装备的，以产生三维的效果。安在眼镜或头盔顶部的磁性装置，传输着有关的头部运动信息，以提供给运行虚拟现实软件的计算机。各种其他的传感器可能附着于"数据手套"，甚至完整的"数据套装"体感服中，让穿戴者感觉就像是处于某种现实环境中一样。

　　穿戴上灵境体感设备之后，设备中的传感器把接收到的计算机信息传达给穿戴者，使其看到、触摸到软件创造出来的三维图形，比如树木、宫殿、人体、月球表面等。当你伸出手去触摸什么东西时，你的虚拟手在虚拟空间也会同时去触摸那种东西，并把感觉传送到你的手上，使你感觉像真的摸到了那种东西一样。如果你在真实空间向右转，那么虚拟空间中的景物也会跟着向右改变，适当地对准你重新定位。于是，你就可以实现你的想象之旅了。

　　如今，"虚拟现实"技术可以说是计算机科学中发展最快的领域了。由于这种技术带着一种神秘的梦幻色彩，让人感觉似乎人类将要进化成"灵境"人，戴上头盔，不用说话不用动，

脱离现实的时空，在虚拟的世界中快乐地生活。是这样吗？

其实，我们可能不知道，"灵境"技术现在已经广泛应用到人们的生活中了。在工业设计、房地产等领域，VR技术被应用到建筑、汽车、火车、飞机和轮船上的设计中。当建筑物、汽车、火车、飞机和轮船的设计图做出来以后，设计人员戴上特制的头盔和装有传感器的数据手套，就可以看到与实物一模一样的虚拟建筑或虚拟交通工具，进入房间里查看一下，或驾驶着交通工具跑一圈，看哪些设计不错，哪些设计还有问题。这样，不用制作实物模型，不用制造样车、样船、样机，开发新产品的成本大大降低，可以进行反复的实验，实现高效益，事半功倍，难怪设计人员如此喜欢"灵境"技术。

当然，不只是设计人员对"灵境"技术感兴趣，医生们也将"灵境"技术应用到了医学研究或治疗中。比如，在手术前，医生们先用VR技术对模拟人体做一次虚拟实验，就会大大提高手术的成功率；用虚拟人体做药物模拟实验，会使药物开发更快更好更安全；用虚拟人做人体解剖，会更加直观，也让医学研究人员再也不用担心遗体不够用了。在这些领域，由于"灵境"技术具有较高的仿真性，所以又常常被称为"虚拟仿生""数字孪生"。

"虚拟购物"也越来越火爆。一些聪明的商家，会通过"灵境"技术展示他们的商品，让人们坐在家里，通过VR设备就能试穿、试戴、试用他们的产品，比如衣服、假发、口红等等，让人们的生活会更加方便、高效。未来，人们逛街就可能不是真的逛街了，而是坐在家里逛虚拟世界的街。当然，从感觉上来说，会跟真实世界的逛街是一样的，甚至更有趣、更神奇。

一些电影导演也在利用"灵境"技术拍摄大片。比如电影《泰坦尼克号》中的一些惊心动魄的场面，就是利用"灵境"技术制作的。"灵境"可以模拟现实生活中的罕见场面，如龙卷风、地震、火山爆发、海啸，完全做到以假乱真，不必让演员再到真实的场景中去冒险。

在军事领域，"灵境"技术也大有可为。将军们通过"灵境"技术进行军事模拟演习，让士兵们进入虚拟的如火如荼的战争场景，既能增长实战的才干，又能毫发无损，还节约了庞大的军费开支。

你可能要问了：萌爷爷，这样说来，"灵境"不是跟做梦一样吗？"灵境"是不是梦境呢？

"灵境"不是梦境，梦境虽然也可以达到身临其境的感觉，但梦境是头脑中想象的产物，稍纵即逝，无法设计，很难重复。而"灵境"是可以设计的，能够重复出现，也是可以"触摸"得到的。

"灵境"有两个特征：一是身临其境，二是可视化。这两个特征是通过电子计算机设计出来的。它创造的身临其境的感觉，主要是通过戴上与计算机相连的头盔和数据手套实现的。计算机内有与设计的"灵境"相关的数据库，储存着相关的大量图片、录像及声音。当人戴上头盔时，多媒体计算机便将储存的相关图像传到头盔的显示屏上；当人戴上数据手套时，只要手一动，数据手套上的传感器便能感知你的动作方位。于是，你的头脑中便会出现身临其境的动作，比如打开橱柜、扣动冲锋枪扳机等等。

科学家们研究"灵境"技术，是想让人们的生活变得更简单、更可控。

比如说，要拜访亲朋好友，完全不必劳神费力，只要戴上头盔和数据手套，就能瞬间与亲朋好友见面，还能拥抱、亲吻。

要想到国内外的名胜古迹去旅游，也可以不用再出门，只要戴上头盔和数据手套，就能畅游全世界的名胜古迹了，省去车马劳顿的麻烦，感觉上与真正的旅游没有什么两样。

"灵境"技术，还能打造出一些虚拟的明星或电视节目主持人。

在日本，有一个家喻户晓的虚拟偶像，叫"初音未来"。她是一个有着葱色头发的少女形象，也是世界上第一个使用全息投影技术举办演唱会的虚拟偶像。她有着迷人的外表，歌声甜美柔和。她没有明星的架子，从不摆谱，不发脾气，还通晓多国语言，可以连续演唱数小时。她的演唱会拥有着超高的人气，是各大厂商的"宠儿"，参与广告代言的产品种类从互联网、时装、汽车到生活用品各个方面，在世界各地也都有她的踪迹。

英国曾研制了一个虚拟的新闻节目主持人，名叫"阿娜诺娃"。她28岁年纪，身高173厘米，面容和蔼可亲，谦逊聪慧。她不仅能连续24小时报道新闻节目，还能根据用户的要求进行"点播新闻"服务，永不疲倦地帮人搜索所需要的网上最新消息。

随着"灵境"技术的应用越来越多，不难想象，未来将会出现一种新人类，即生活在虚拟现实中的新人类。在未来，"灵境人"可能一辈子都足不出户，只在"灵境"技术创造的虚拟环境中生活。

有科学家认为，"灵境人"可能是人类发展的方向，并做出了一些预测：

2300年，人类的大多数将生活在"灵境"虚幻的世界里，由人类的替身机器人从事物质生产，"灵境人"则进行艺术创造等高级活动。

3500年，"灵境人"从孩子开始，就在"灵境"中生活，一生不能离开"灵境"，头盔、紧身服成了"灵境人"不可或缺的人造器官，犹如人体多长了一层皮肤。

3600年，人类已完成了向"灵境人"的进化。到那时，在"灵境"虚幻世界中生活的人类后代，把他们在自然环境中生活的祖先当成野蛮人、史前人类，并在日常生活中忘记"野蛮人"的生活方式。

4.虚拟人—网络人—数字人

如果说生活在虚幻世界的"灵境人"，还离不开自己的本体——肉体凡胎，那么，接下来萌爷爷要说到的这种新人类，可能就不需要身体了。

是的，他们实现了人体和"灵魂"的分离！

什么？！

没有身体，那不是更加像"鬼"了吗？

这些新人类，到底是人，还是"鬼"？

所以说未来的新人类，越来越不像人了，我们不知道如何定义他们，他们甚至可能会超越人类认知的范畴。

他们将变得越来越"不可知"。

他们可能是虚拟人，网络里的人，数字化的人，他们甚至可能只是一些能量波、量子场，以我们不可知的意识形态出现。

这绝不是纯粹瞎想，而是有一定的科学根据的。

很早的时候，一些科学家就梦想着把人的肉身和"灵魂"分离，任肉身死亡，让"灵魂"留在网络里。必要的时候，也可重新回到自己的肉身克隆体，或者各类转基因人造肉身，乃至其他人造动物体的肉身，从而实现人的永生。

这当然是一个令人心动的设想，但是要实现这一设想，并没有那么简单。

因为，对人的"灵魂"究竟是什么，到现在我们还几乎一无所知。

人类是否真的有灵魂？这是一个老得不能再老的问题了，同时这又是一个新得不能再新的问题。

现代的大批学者转向大脑的研究，"灵魂"的研究。

有的科学家认为，"灵魂"是一个信息集合体，其载体是人的大脑。一旦破译了"灵魂密码"，人脑和电脑之间的屏障就能打破，人类就能选择理想的文明模式输入自己的大脑，充实自己的"灵魂"。是这样的吗？

弗里德里希·恩格斯

德国著名哲学家、《自然辩证法》的作者——弗里德里希·恩格斯说："死亡或者是有机体的解体，除了组成有机体实体的化学构成部分，再不留下什么；或者还留下某种生命的本源，即某种或多或少地和灵魂相同的东西，这种本原不仅比人，而且比一切活的有机体都活得更久。"

奇了，这不信鬼神的彻底的唯物主义者，说的"灵魂"是什么？

所谓"灵魂"，也许，对于有机体来说，就是指的每一个生命体的遗传信息；对于人来说，则是人的心智，人的心理。

在人类破译了DNA中蕴含的生命密码以后，人们开始把目光转向脑科学，转向心智，转向破译"灵魂"密码的研究。1989年，美国前总统里根宣布，20世纪的最后10年是脑科学的10年，要向揭示人类"灵魂"秘密、破译"灵魂"密码的目标进军。

作为人类"灵魂"的心智也是如此，科学家们企图将心智上传到计算机，将我们的"灵魂"保存下来。即使肉身死亡后，"灵魂"也不死，该有多妙！

但是，他们遇到了一个要命的障碍，那就是人机屏障。

只有破译了"心智""思维"的密码体系，"灵魂"永生的梦想才能变为现实。

自人类诞生以来，人们就在思索一个问题：死人与活人有什么区别？死人已经不能感觉自己的存在，没有了自我意识；而活人则有自我意识，感觉得到自己的存在，能支配自己的思维、行动，是自己的主人。

于是，古人们就在想：人体中是否存在一个主宰人的思维和行动的东西呢？

对此，古人们便臆想出一种非物质存在、主宰人的肉身和一切活动的灵魂来。灵魂的概念在一些宗教中，逐渐发展成一个脱离人肉身的独立体：人活着的时候，灵魂附着在肉身上；人死了的时候，灵魂便离开肉身，或入地到鬼世界去转世轮回，或上山、进洞、下海、升天成仙成佛。

这当然是不科学的。

在科学家眼里，"灵魂"是一个人的思想意识，一个人的心智，一个人的精神世界。这种精神世界，是与人的肉身有区别的，但也不能脱离肉身单独存在。于是，一门科学诞生了，这就是心理学。

在英文里，心理学的定义就是研究灵魂的科学。

根据现有的科学发展水平可以断定，克隆人的肉身指日可待，而克隆人的"灵魂"却十分遥远。

首先，人类还不知道"灵魂"是什么，人为什么会有智慧。

人的"灵魂"，就是人的心智。一个人的"心智"，其实就是人的意识和人的智力以及各项思维能力的总和。人用心智认知自己，也认知世界，获得自我意识。

而人的心智，就是人的智慧，是人与动物的主要区别。

人，因此而获得"智慧生物"的美称。

在前面的"萌爷爷讲生命故事"系列《我们是谁》《我们从哪里来》中，萌爷爷曾说过，人的智慧萌芽于数十万年前，由于基因突变，有了一个不同于黑猩猩的基因，学会了用火，使智人迈出了与黑猩猩智力差异的第一步。也是由于基因突变，在 10 万年 ~7 万年前，人的大脑极度发达，拥有了能"八卦"和人之间大规模合作的基因，人拥有了其他生物无法比拟的想象力和心智，成为地球生命的主宰。

只是，我们现在还并不知道，心智基因的载体在哪里，它的密码体是什么？

或许就像微软之父比尔·盖茨所说的那样，心智可以简化为是一种信息流。我们是由一堆基本粒子、一堆原子、一堆分子构成的物质流，是由核苷源代码编织的遗传信息流，和由基本粒子源代码编织的"灵魂"信息流组成。

比尔·盖茨

简而言之，人不过是由"开"和"关"构成的信息集合体而已。

既然人的身体器官，是由人的基因组包含复杂的信息所决定的，那么，我们也有理由相信，人的心智器官也是如此。

可以肯定，我们现在发现的遗传基因与心智基因有密切关系。但是，心智基因也许有不同的建构，不同的密码体系，不同的运作方式。比如说，遗传基因的物质基础是分子层面的，而心智基因的物质基础则在量子层面。

心智与量子的关系，是随着近年量子纠缠理论和量子通信卫星的发展，而被提上议事日程的。

量子纠缠或称量子缠结，是一种量子力学现象，是由伟大的科学家爱因斯坦等提出的一种物理原理，是粒子在由两个或两个以上粒子组成的系统中相互影响、相互纠缠的现象。

科学家们认为，即使两个粒子相距遥远，一个粒子的行为也将会影响另一个的状态；当其中一个粒子的状态发生变化，另一个粒子也会发生相应的状态变化。

　　爱因斯坦把这种量子纠缠称为"鬼魅似的远距作用"。

　　1964 年北爱尔兰物理学家约翰·斯图尔特·贝尔做了一个实验，实现了量子纠缠。2016 年 12 月，中国科学技术大学潘建伟院士等再获重大突破，他们首次成功实现"十光子纠缠"，率先成功实现"千公里级"的星地双向量子纠缠分发，打破了此前国际上保持多年的"百公里级"纪录。同年，我国成功发射世界首颗量子科学实验卫星"墨子号"，在世界上首次实现了卫星和地面之间的量子通信，构建天地一体化的量子保密通信与科学实验体系。

　　中国著名的结构生物学家施一公院士认为，要解释人类的意识，应该需要从量子力学层面去考察和研究。

　　2016 年 1 月，施一公院士发表了一场大胆新颖的演讲，阐述了他对于生命的本质和极限的猜想与构思，为人们呈现了生命科学在量子、超微观层面的特殊奥秘。

　　施一公认为，人们认识事物有三个层面：

　　第一个是宏观的层面，即人们通过五官能直接感知的人类自身及周围的事物；

　　第二个层面是微观的，包括眼睛看不到的东西，人们可以借助仪器感知到、测量到，从直觉上认为它存在，比如说原子、分子、蛋白，比如说很远的一百多亿光年以外的星球。

第三个层面就是超微观的物质。对这一类我们只能从理论上推测，用实验验证，但是从来不知道它是什么，包括量子，包括光子，这就是超微观世界。

施一公认为，生命是超微观世界决定的。超微观世界决定微观世界，微观世界决定宏观世界。我们从宏观世界的角度及微观世界的角度去研究大脑、意识等问题，一直没有令人满意的答案，是不是选错了方向？

施一公提出，要解释意识，一定得超出前两个层次，到量子力学层面去考察。

他同意加州大学一个科学家提出的假设，认为人的意识、记忆和思维是量子纠缠的，要用量子理论来解释。他认为，自从发现了量子纠缠，我们习以为常的哲学世界就被扰乱了。我们原来认为世界是物质的，没有神，没有特异功能，意识是和物质相对立的另一种存在；现在我们发现认知的物质，仅仅是这个宇宙的 5%。没有任何联系的两个量子，可以如神一般的发生纠缠。把意识放到分子、量子态去分析，意识其实也是一种物质。既然宇宙中还有 95% 的我们不知道的物质，那灵魂、鬼都是可以存在的。谁能保证在这些未知的物质中，有一些物质或生灵，它能通过量子纠缠，完全彻底地影响我们的各个状态呢？

科技发展到今天，我们看到的世界，也仅仅是整个世界的

5%。这和1000年前人类不知道有空气，不知道有电场、磁场，不认识元素，以为天圆地方一样，我们的未知世界还很多，多到难以想象。

施一公大胆的假设，引起了知识界强烈的争议。虽然施一公此说依据不多，但是，他的假设也许能启迪科学家解开心智之谜，搞清心智的起源。

很多年前，量子力学的奠基人之一薛定谔，写了《生命是什么》，臆想生命是一种信息密码系统，启发了生命科学家解开遗传密码之谜。

近年，随着量子纠缠现象的发现，量子纠缠理论告诉我们，灵魂有可能存在。

英国剑桥大学教授罗杰·彭罗斯和美国的斯图尔特·哈梅罗夫教授共同创立了一个理论，他们认为在人的大脑神经元里有一种细胞骨架蛋白，是由一些微管组成的，这些微管控制细胞生长和神经细胞传输，每个微管里都含有很多量子，处于量子纠缠的状态。在进行观测的时候，即起心动念开始的时候，大脑神经里海量的纠缠态的量子就坍缩一次。一旦坍缩，就产生了念头。

罗杰·彭罗斯

如果按照他们的理论，我们的大脑中真是存在海量的纠缠态量子，并且我们的意识是这些纠缠态电子坍缩而产生的，那么意识就不光是存在于我们的大脑中，也存在于宇宙之中，因为宇宙中不同地方的量子可能是纠缠在一起的。

这样，人在死亡的时候，意识就可能离开你的身体，完全进入到宇宙中去。

所以他们认为，有些人的濒死体验，实际上是大脑中的量子信息所致。这些人的心脏停止了跳动、血液停止了流动，但大脑中的量子信息并没有被破坏，它只是被干扰驱散到宇宙中去了。如果他死后复生苏醒过来，量子信息又回到他的大脑中，他就会惊讶地说："我经历了一次濒死的经验。"而如果他没有死而复生，最终死亡之后，量子信息将离开身体，从而可能被模糊地鉴别为"灵魂"。

所以，彭罗斯和哈梅罗夫就认为，如果是用量子信息的方法来解释，说人的大脑意识真是产生于量子信息的状态，有量子纠缠存在的话，那么人体的信息是不会消灭的，只会回到宇宙的某一处。

现在的科学家正在开始进行大量的实验，来验证人的大脑

中是否存在量子纠缠态的粒子。科学家们试想着有一天，能够利用量子力学中的量子纠缠的特性，用某种先进的科技手段，对一个大活人进行穿越时空的传输。

如果有关"灵魂"的研究取得突破，人类的思维密码被破译，那么，人的"灵魂"就能数字化，突破人机接口，进入到网络世界，实现人的"灵魂"的永生。

如果那样的话，萌爷爷前面说过的虚拟人、网络人和数字人，都会变成真的了。

对于每个渴求永生的人来说，抛开自己的肉身，想成为什么就成为什么，想活多久就活多久，或许是个不错的选择。

微信扫码　　百科小常识　趣味测一测　科普小课堂　故事广播站

我们到哪里去

四、走向毁灭的人类

1. 五次"生物大灭绝"

或许，正当我们为破解生命的一个个奥秘而欢呼雀跃的时候，我们不知道，也许我们正在走上自我毁灭之路。

又或许，一场可怕的毁灭性灾难，正在迫近人类，企图毁灭我们。

还记得前面萌爷爷曾讲过的"科学怪人"的故事吗？在玛丽·雪莱写的科幻小说《弗兰肯斯坦》里，一位生物学家用不同尸体的各个部分，拼凑成了一个巨大人体。这个人造的怪物后来失去控制，造成一片混乱。

"科学怪人"的故事，其实就是在预言，我们这个智人物种，将可能被更高级的新人类代替，并且新人类会消灭我们。这又预示着，人类这个物种的灭绝。

科学，将导致人类的灭亡。

的确，我们利用科学技术，发现和发明了许多可以立即毁灭人类的武器，如核武器、化学武器、生物武器等等，以及正在发展和有能力毁灭人类的机器人、人工智能、纳米技术等。

也许，我们正在面对生物史上的"第六次大灭绝"。

在 40 亿年的地球生物史上，就曾经发生过五次"生物大灭绝"。所谓的"生物大灭绝"，指的是大规模的集群灭绝。整个科，整个目，甚至是整个纲的生物，在很短的时间内彻底消失或仅有极少数存留下来。

第一次生物大灭绝，开始于公元前 4.4 亿年的奥陶纪末期，又称"奥陶纪大灭绝"，导致地球上大约 85% 的物种灭绝。

那个时候，在广阔的海洋里，生活着大量的无脊椎动物，包括笔石、珊瑚、腕足、海百合、苔藓虫和软体动物等。而现在撒哈拉所在的陆地，曾经位于南极，当陆地汇集在极点附近时，造成厚的积冰。大片的冰川使洋流和大气环流变冷，整个地球

的温度下降，冰川锁住水，海平面降低，原先丰富的沿海生态系统被破坏，生活在水里的各种不同的无脊椎动物几乎荡然无存。

第二次物种大灭绝，发生在 3.65 亿年前的泥盆纪后期，又称"泥盆纪大灭绝"。

泥盆纪是脊椎动物飞越发展的时期，鱼类相当繁盛，所以泥盆纪又被称为"鱼类的时代"。这个时期，出现了从肺鱼演化而来的两栖类和爬行类的祖先——四足类动物。也是因为地球气候变冷和海洋退却，导致了第二次物种大灭绝事件。

第三次生物大灭绝，又称"二叠纪大灭绝"，发生在 2.5 亿年前的二叠纪末期。当时，由于地球板块漂移，所有的大陆聚集成了一个超大古陆，富饶的海岸线急剧减少，生态系统受到了严重的破坏，造成了第三次生物大灭绝。

这是史上规模最大的一次生物大灭绝事件，造成了地球上 96% 的物种灭绝，其中包括 96% 的海洋生物和 70% 的陆地脊椎动物。三叶虫、海蝎以及重要珊瑚类群全部消失，生态系统也获得了一次最彻底的更新，为恐龙类等爬行类动物的进化铺平了道路。

第四次生物大灭绝，又称"三叠纪大灭绝"，发生在 2 亿年前的三叠纪晚期。76% 的物种灭绝，其中主要是海洋生物。此次灾难的原因，并无特别明显的标志，只发现海平面下降之后又上升，出现了大面积缺氧的海水。

第五次生物大灭绝，又称"白垩纪大灭绝"或"恐龙大灭绝"，发生在 6500 万年前的白垩纪末期。这次灾难，来自地外空间的一颗小行星的撞击。撞击使大量的气体和灰尘进入大气层，以至于阳光不能穿透，全球温度急剧下降，黑云遮蔽地球长达数年，甚至几个百万年之久。由于植物不能从阳光中获得能量，海洋中的藻类和成片的森林逐渐死亡，食物链的基础环节被破坏，大批的动物因饥饿而死，其中就包括统治地球长达一亿多年之久的恐龙。恐龙的灭绝，也为哺乳动物及人类的最后登场，提供了契机。

现在，我们正处于第六次生物大灭绝的大概率事件中。种种迹象表明，这次正在发生的生物浩劫，主要是人类造成的。

自从人类出现以后，特别是 19 世纪工业革命以后，由于人类只注意到具体生物源的实用价值，对其肆意地加以开发，而忽视了生物多样性间接和潜在的价值，使地球生命维持系统遭到了人类无情的蚕食。

在过去的 400 年中，全世界共灭绝哺乳动物 58 种，大约每 7 年灭绝一个物种，这个速度较正常化石记录高 7 ~ 70 倍；在 20 世纪的 100 年中，全世界共灭绝哺乳动物 23 种，大约每 4 年灭绝一个物种，这个速度较正常化石记录高 13 ～ 135 倍。

这并非耸人听闻。当前，生物多样性正受到有史以来最为严重的威胁。生存问题，已从人类的范畴扩展到地球上相互依存的所有物种，我们是否处在一次大规模灭绝过程的序幕之中，而这一过程是否最终将导致地球上数以百万计的动植物物种，包括我们人类自己的消亡？

"第六次大灭绝"假设的支持者们认为，这个问题的答案是肯定的。

从物种灭绝的周期来看，一个物种从诞生至灭绝，平均不过几百万年时间；而地球人的出现，已有六七百万年的历史，正在走向灭绝的边缘。

虽然这个物种灭绝周期并不是绝对的，但是，人类活动所造成的环境恶化，就足以导致地球生命，包括人的生命的灭绝，无异于一种慢性自杀。而人类不同种族、不同国家为了抢夺生存资源，称霸世界，更是制造出了许多把能迅速毁灭世界、毁灭人类的利剑。

接下来，萌爷爷就来讲几种最危险的武器。

2. "地狱炸弹"核武器

我们说，人类很聪明。人类竟用自己发现的科学原理，发明了能够毁灭自己的东西——核武器。

没错，核能和核武器，就是人类的精英，最具智慧的人发现和发明的。

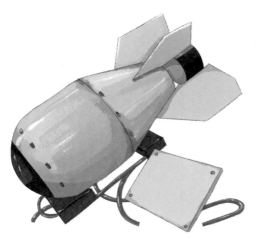

我们应该感谢他们，还是痛恨他们呢？

可能连爱因斯坦自己也想不到，他的狭义相对论提出的物质与能量的关系，会导致能毁灭世界的武器诞生：那就是在第二次世界大战末期发明的核武器——原子弹。科学家们在发明核武器来对付纳粹的同时，并未想到核武器会像潘多拉魔盒放出来的怪兽一样，永远也回不到盒子里了。而且，随着科技的进步，核武器的威力越来越大，已经成为悬挂在所有地球人头上的一把达摩克利斯之剑。

核武器以其大规模、超强的毁灭性，而被称为"地狱炸弹"。

一旦核武器被用于战争，地球将会变成一座人间地狱。

在核武库中，装备着三种大规模杀伤武器：原子弹、氢弹和中子弹。

作为核武器，原子弹、氢弹和中子弹虽同属于一个大家庭，但是它们发生反应和作用的方式却并不完全相同。原子弹是依靠核裂变反应爆炸的；氢弹则以核聚变反应来释放出巨大能量；中子弹兼有这两种反应的综合作用，即先是核裂变反应，产生高温引起核聚变反应，并释放出大量的高速中子，在局部地区形成密集的"中子雨"，起杀伤作用。

作为第一代核武器的原子弹，它的出现是推动兵器技术从化学能向热核能转变的第一个转折点。

美国从 1939 年～1945 年，研制出了世界上第一批 3 枚原子弹，分别被命名为"瘦子""小男孩"和"胖子"。

1945 年 7 月 16 日，美国在新墨西哥州，进行了人类有史以来的第一次核试验。"瘦子"核爆试验中，相当于 2.2 万吨 TNT 炸药当量，爆炸产生了上千万摄氏度的高温和数百亿个大气压力，致使 30 米高的铁塔被熔化为气体，并在地面上形成一个巨大的弹坑。

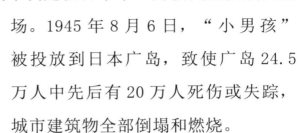

核爆试验成功后，美军决定以日本本土为核武器实战试验场。1945 年 8 月 6 日，"小男孩"被投放到日本广岛，致使广岛 24.5 万人中先后有 20 万人死伤或失踪，城市建筑物全部倒塌和燃烧。

一枚原子弹就毁灭了一座城市！

然而，与氢弹相比，原子弹简直就是孩童的玩具，氢弹是更为恐怖的存在。

氢弹，也称"热核武器"，是利用氢的同位素氘、氚等轻原子核的聚变反应（又称热核反应），瞬时释放出巨大能量的第二代核武器。原子弹一般为数百至数万吨 TNT 当量，氢弹的威力，则可高达几千万吨 TNT 当量。

氢弹的威力，如果用于战争的话，那地球将会成为一座大地狱。

目前，氢弹已广泛装备于航弹和各种导弹，构成核武器的重要支柱。

在核武器的军备竞争中，各国争相研制一类新的核武器，既能置对方于死地，又能保全自己，而且最好还能做到只杀伤对方的作战人员，而使建筑物和装备都能保存下来，使它们成为战利品。

武器发明家的眼光在扫过种种备选物之后，最后落到了中子弹上面。

中子弹被称为继原子弹、氢弹之后的第三代核武器。1977年夏天，在美国拉斯维加斯以北的荒漠上，随着爆响声，在坦克群上方亮起了耀眼的闪光——中子弹试验成功了。这样一颗中子弹，可以使800米以内的人员在5分钟之内失去活动能力，在两个小时内死亡；但它对周围物体的破坏半径，仅有200米。

目前，世界上拥有核武器的国家，有美国、俄罗斯、英国、法国、中国、印度等，共拥有核弹头12705枚，其中90%以上掌握于美国和俄罗斯两国手中。

美国是世界上研制核武器最早、核武器数量最多的国家。它在1945年7月16日核试验成功，制出了世界上最早的原子弹。接着，美国又造出了氢弹、中子弹。美国拥有的核弹头，加上俄罗斯的核弹头，足以让地球毁灭十几次。

我们中国在20世纪60年代，相继独立研制出了原子弹和氢弹，成为世界上少数几个拥有核武器的国家之一，从而打破了资本主义国家的核垄断，避免了其核讹诈。中国虽然部署的核弹头数量不是很多，但是，全世界目前仅有的30颗千万吨级当量威力的氢弹弹头，全部在中国。而且，中国拥有战略核导弹系统中最先进系统之一的洲际弹道导弹，最大射程可达约 14,000 千米。

中国拥有核武器的目的，在于自卫和维护世界和平，中国承诺在任何情况下不会首先使用核武器。

不过，萌爷爷还是希望，永远都不要发生核战争！

3."没规矩"的太空小行星

如果说核战争是人为的因素，努力控制还是可以避免的，那么还有一种毁灭人类的利剑，不是人类制造的，我们几乎无法避免。

这把利剑，就是"没规矩"的太空小行星。

在太空中，有很多的小行星是"没规矩"的，它们没有什么运行轨迹，在太空里乱窜，很容易就撞上别的星体。

6500 万年前，正是因为一颗小行星撞击地球，造成统治地球长达一亿多年的一代霸主恐龙灭绝。而且，这种情况还将会再次发生。

英国著名的科学家史蒂芬·霍金就曾在他的书中说过："宇宙是一个充满暴力的地方。恒星吞噬着行星，超新星的致命射线穿过太空，

黑洞相互碰撞，小行星以每秒数百英里的速度撞击。"

他警告说，有一天，一颗小行星将毁灭地球上的所有生命，没有什么能阻止这种危险。

他说："小行星撞击地球，是我们无法防御的。所以，这正是我们应该冒险进入太空，而不是原地不动的原因。"

霍金的这种担心，不是凭空猜想，而是由物理定律和概率定律推算出来的。

科学家们通过数据推算出，大约每过几百年，就会有一些小规模的小行星撞击地球；每隔 10 万年，就会发生一次区域性的破坏，摧毁的面积相当于一个中等大小的国家；每隔 1000 万年，就会有一次全球级灾难的小行星撞击事件发生。

这些都还是可以推算出来的小行星撞击事件，对于那些毫无运动轨迹，在太空中乱窜、打"冷枪"的小行星，还不在预测的范围内。说不定它们什么时候会突然冒出来，也许它们会与地球擦肩而过，也许就会全速撞上地球。

这些小行星，小到一颗沙粒，大到一万吨岩石。它们进入地球的大气层后，其中的大部分会摩擦燃烧，最后化为灰烬。只有那些没有燃烧完的较大小行星，才会撞到地面。

上一次规模较大的小行星撞击地球事

件，发生在 1908 年。这次撞击，夷平了西伯利亚通古斯森林的大片地带。

2013 年 2 月，一颗小行星在俄罗斯车里雅宾斯克州上空发生了巨大爆炸，造成 7000 多栋建筑受损。这颗小行星的喷流半径很广，震碎了建筑窗户，锋利的玻璃碎片砸伤了 1000 多人。

2018 年 12 月，美国国家航空航天局的卫星追踪到一颗直径约 10 米的小行星，在白令海上空爆炸，其爆炸能量相当于广岛原子弹爆炸的 10 倍。

为什么我们直到最后一刻，才能看到小行星靠近地球呢？

在太阳系里，布满了行星形成时期遗留下来的岩石物质。大多数的小行星，位于火星和木星之间的小行星带和系统外围的太阳轨道上。火星和木星轨道之间的小行星带，小行星的数目多达 50 万颗，太阳系内 98.5% 的小行星都集中在这个区域内。

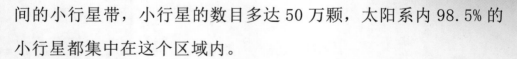

大多数情况下，这些小行星远离地球，但是小行星带偶尔会有一些"泄漏"的物质，进入到太阳系的内圈，而发现这些小行星是非常困难的。

一般来说，发现小行星，是靠它反射太阳光，才能够看到它。在离地球一定距离的情况下，小行星越大，它反射的太阳光越多，那么它在天空中会显得越明亮，越容易被发现。同样的道理，小行星越小，反射的太阳光就越弱，必须等它离地球很近时，才能被发现。

像俄罗斯车里雅宾斯克州爆炸的那颗小行星，直径约为 20 米，只有当它真正靠近地球时才能被发现。它沿着围绕太阳的轨道移动，在白天的天空中接近我们，会完全隐藏在太阳的强光下。

2012 年 2 月，联合国在维也纳召开的一次学术会议，成了世界各国媒体竞相关注的焦点。据科学家观测，一颗名为"2011AG5"的近地小行星，可能会撞上地球。

这颗小行星，是由美国亚利桑那州的观测者发现的。根据现在估计出来的小行星运行轨道，在 2040 年左右，这颗小行星可能会与地球"亲密接触"。

不过，由于科学家目前只能观测到这颗神秘行星的一半面目，因此除了它的大小以外，我们无法了解它的具体质量和构成成分，因此暂时还无法准确地预测它未来的运行轨道。它与地球到底是"擦肩而过"，还是"亲热相拥"，现在还是一个未知数。

那么，我们应该采取什么样的措施，应对规模较大的小行星撞上地球呢？

有人说，我们可以发射一个航天器，将这颗小行星推离那条会与地球相撞的轨道；也有人说，我们可以在小行星上安装炸弹，将它炸成碎片乃至尘埃；还有人说，我们可以在地下挖出防空洞来躲避。

而对于形体较大的小行星，如果撞击不可避免，以至造成全球性毁灭的话，根据霍金的建议，我们就得逃离地球，到太空中去寻找新的家园。

不管怎样，以人类现有的科技水平，我们绝对不会等到灾难来临的一刻束手就擒，我们会提前想好办法，拯救我们的家园。

"没规矩"的小行星对人类的威胁，胜过世界爆发核战争。不过，萌爷爷认为，虽然我们应当为这不足百万分之一的相撞的可能性做好万全的准备，但是也没有必要为此过分担忧。

毕竟，享受当下的美好生活，创造更美好的明天，显然比担心世界末日来临，要更有意义得多。

你说呢？

4. "隐形杀手"基因武器

前面所说的两种可能毁灭人类的利剑，都是能看得到的。萌爷爷接下来要说的这种武器，是看不见的，隐形的。

它就是"基因武器"。

基因武器，是通过将致病基因转入其他生物，而生产的一种大规模杀伤武器。

没错，它其实就是一种转基因武器。转入的基因中，有能产生毒素的细菌或病毒基因，比如从肉毒杆菌中分离出毒素基因转移到大肠杆菌中，不但大肠杆菌可直接用作毒剂，而且可利用大肠杆菌大量生产肉毒毒素。

肉毒杆菌产生的毒素，是一种剧毒的物质，据说只要1000克的量，就可以把全人类灭亡。

可怕吧？

基因武器，可以用基因编辑技术生产；转入的基因，可以是产生可怕传染病的基因，也可以是人工设计与合成自然界并不存在的生物或病毒。它们能改变微生物的遗传物质，使这些微生物产生具有显著抗药性的致病菌，然后利用人种生化特征上的差异，使这种致病菌只对特定遗传特征的人们产生致病作用，从而有选择地消灭特定对象。

转基因药物，也是基因武器中的一种，它通过药物诱导或其他控制手段，既可被用于削弱对方的战斗力，也可被用来增强己方士兵的作战能力，培育未来的"超级士兵"。

此外，利用转基因技术，还可产生极具攻击性和杀伤力的"杀人蜂""食人蚁"或"血蛙""巨蛙"类新物种，再利用克隆技术使未来战场上出现怪兽追杀人的残酷场面，一点儿都不奇怪。

你会说，这听起来像科幻电影，基因武器离我们还远着呢。

其实，基因武器并不是科学幻想，而是现实存在。目前，个别国家就有研制基因武器的计划。

2001 年 9 月，媒体透露，美国已在进行一项研究基因武器的秘密计划。2006 年，美国用于生物工程研究的经费为 20 亿美元。美国军事医学研究所就是基因武器研究中心，已经研制出了一些具有实战价值的基因武器。他们在普通酵母菌中接入一种在非洲和中东引起"裂谷热"细菌的基因，从而使变异的酵母菌可以传播可怕的裂谷热病菌。

美国还完成了在大肠杆菌中接入炭疽病基因的研究，在 20 世纪 80 年代已增加到 19 种。这些基因武器主要分为三类：基因病毒武器、基因食物武器、基因药物武器。现在，美国已经研制出一些

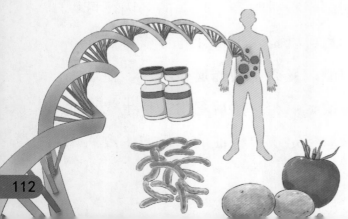

具有实战价值的基因武器，比如在普通酿酒酵母菌中接入一种能引起可怕疾病的细菌基因，从而使酿酒酵母菌在非洲和中东传播这种疾病。

据英国媒体报道，以色列科学家正在全力破译犹太人与阿拉伯人之间的基因差异，以研制只攻击阿拉伯人的"基因炸弹"。英国生物学家断言，这些基因武器一旦问世，仅需 20 克就可使全球 60 亿人死亡。

1979 年 4 月，苏联的一个生物武器基地曾发生爆炸，溢出大量炭疽杆菌气溶胶，造成炭疽病流行，死亡 1000 多人，影响持续 10 年之久。据美军测算，假如一枚带有炭疽菌弹头的"飞毛腿"导弹落在华盛顿，将会夺去 10 万人的生命。

而如果将"埃博拉病毒""艾滋病病毒""0-157 病毒"等制作成基因武器，这些"生物原子弹"足以毁灭全人类。所以说，科学家称基因武器为"世界末日武器"，一点儿都不夸张。

基因武器的可怕之处还在于它的隐蔽性，不易被发现，不能提前采取有效的防护措施，而一旦感受到伤害，便为时已晚，在此之前早已遭到基因病毒的侵袭，是很难治疗的。而经过改造的病毒和细菌基因，只有制造者才知道它的遗传"密码"，其他人很难破译和控制。

同时，基因武器制作成本低廉，可运用转基因技术进行大量生产，因此又被称为"穷人的核武器"。据估算，用 5000 万美元建造一个基因武器库，其杀伤效能远远超过用 50 亿美元建造的核武器。

5. 机器人 + 人工智能

说到机器人、人工智能，你可能感到不陌生。一些人家里已经出现了扫地机器人；在一些比较发达的地区乘坐地铁，进站时无需人工检票，只需要扫描一下脸部或眼睛，就能自动验证身份了，这也是一种人工智能。

世界上的第一台智能型机器人，诞生于 1968 年。美国斯坦福研究所研制的这台机器人，可以解决一些简单的问题。比如，

科学家在房间中央放置一个高台，台上放一个箱子，同时在房间的一个角落里放置一个斜面体。科学家命令机器人爬上高台，并把箱子拿下来。刚开始的时候，机器人不知道怎么办，后来它发现了墙角的斜面，就把斜面推过来搭到高台上，顺利取下箱子。

这个测试表明，机器人已经具备了一定的发现、综合判

断、决策等智能。

1997 年 5 月，IBM 公司研制的"深蓝"计算机，竟战胜了世界顶级国际象棋大师卡斯帕洛夫，在当时引起全球一片哗然。因为，这或许意味着，电脑具有比人类更高的智慧。

不过，关于电脑是不是比人类更有智慧，大家一直在争论不休。但不可否认的是，电脑这个模仿人体大脑功能而产生的机器，它原本只是帮助人进行属于人类的工作，但在今后智慧机器人的发展过程中，它将成为智慧机器人必不可缺的重要工具。

而人们研制智慧机器人或者说人工智能，就是要打造等同或超过人的思维能力的人造思维系统。

目前，机器人正在进入"类人机器人"的高级发展阶段，即无论从相貌到功能，还是从思维能力和创造能力方面，都在向人类"进化"。

可以预见的是，在几十年后，机器人可能会拥有高于人类的智能，而且在某些方面的确会比人强，比如计算速度快，力量比人大，等等。

那这些比人类厉害的机器人，会不会伤害人类呢？

暂时还不会，除非有人恶意给它们输入不利于人类的程序，比如军事方面具有攻击性的机器人或无人机。

2017 年 11 月，就有一家无人机公司，发布了一款微型无人机武器。这款新式武器，比成人掌心还小，自带一个小型炸弹，其搭载的摄像头，能自动进行人脸识别，一旦确认对方就是目标，便可以迅速"爆头"。也就是说，只要有人将目标输入攻击程序中，这个智能微型武器就像一枚会飞的子弹，自动寻找并发现目标，进行360度无死角攻击。

这真是一个危险的信号。当我们观看无人机组成的绚丽图案和空中文字时，会为人工智能的成绩惊叹。但是你有没有想到，在一些国家，无人机越来越多地发动着致命性的军事攻击。

无人机因为体积很小，所以防不胜防。无人机与人工智能的结合会造成多么可怕的后果，可能会超乎很多人的想象。

在最近几年美国发动的攻击中，无人机扮演着越来越重要的角色。其好处是显而易见的：

一是确保了零伤亡。战争就会死人，出动地面部队，意味着高风险和高伤亡；哪怕是战斗机，再先进的战机也会被击落。而使用无人机，自己这方就真正实现了零伤亡。

二是战争成本低。零伤亡，意味着战争成本降低。毕竟生命无价，不仅仅体现在道义上，一个士兵负伤，后期的护理和补贴都是天文数字。减少士兵上战场，对军费也是一大节约。

三是发动攻击更加随心所欲。只要是人，身处战场，难免会有心理波动，不仅影响战斗力，还会导致战场局势反转。使用无人机则不同，操纵员远离战场，更能轻松理性地发动攻击。

正是看到了无人机的巨大优势，美国已经开始建造无人核潜艇了。这些无人核潜艇，可以悄悄地潜伏在敌国近海中几年、几十年、几百年；只要一声号令，就可突然向敌国发动无法防御的攻击，毁灭敌国于一旦。

你说，可怕不可怕？

因此，人类应该防备这一点，就像克隆技术出现后，人类认识到了克隆人的危害，大多数国家就禁止克隆人研究。那么也应该让世界上的人明白，军事攻击方面的智能机器人会对人类带来极大的威胁，应该禁止或限制这类攻击性机器人的研究。

还有，有人担心机器人会出现变异，或程序上一旦有小小的漏洞、失误，就会使机器人变得十分危险；更有人担心，将来人工智能机器人会不会发展出自我意识，转而对抗人类、奴役人类，甚至毁灭人类。就像《黑客帝国》《终结者》等系列科幻电影里演的那样，人类被机器人追杀……

的确，是有这种可能的。任

何事物都有两面性，有好就有坏。我们要利用好的一面，限制坏的一面。比如说，当机器人有了自我学习能力之后，人类也应该提高自身素质，用高尚的道德情操去影响机器人，让它们成为"好"机器人，不要变坏，那么机器人肯定能和人类友好相处的。

机器人是人类的孩子，孩子成长为什么样的人，家长和家庭环境起着极大的作用，所以，智慧机器人会朝什么样的方向发展，归根结底，还是要靠人类自己。

种什么样的树，就结什么样的果。萌爷爷希望，人类种下的都是善果，结出甘甜的果实，而不要种下恶果，自尝苦味。

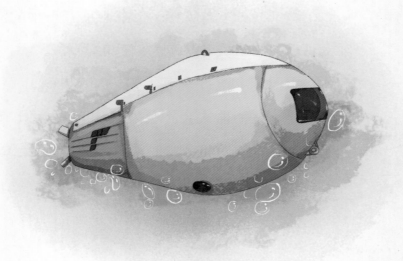

6．"微型军团"纳米武器

未来，人类战争将变得越来越不可捉摸。在战场上，你可能都看不到敌方，却遭到致命的、毁灭性的打击。大多数士兵，死都不知道自己是怎么死的。

萌爷爷下面要说的，就是另一种"隐形杀手"——纳米武器。

纳米就是小的意思。纳米是长度的度量单位，1 纳米等于 10 的负 9 次方米，相当于原子的 4 倍大小，比单个细菌的长度还要小得多。

而纳米技术，是研究结构尺寸在 1 ～ 100 纳米范围内材料的性质和应用。这项技术的发展，带动了很多新兴学科，比如纳米医学、纳米化学、纳米电子学、纳米材料学、纳米生物学等。

1986 年，美国科学家德雷克斯勒博士在《创造的机器》一书中，提出了分子纳米技术的概念。根据这一概念，可以使组合分子的机器实用化，从而可以任意组合所有种类的分子，可以制造出任何种类的分子结构。

全世界的科学家都知道纳米技术对于科技发展的重要性，它与机器人技术、基因技术一样，具有不可估量的作用，所以，世界各国都不惜重金发展纳米技术，力图抢占纳米科技领域的战略高地。

未来的战场，极可能会由数不清的各种纳米"微型军团"担纲。

比如，"蚂蚁"士兵，"苍蝇"飞机，"麻雀"卫星，"蚊子"导弹，等等。

"蚂蚁"士兵是一种通过声波控制的纳米型机器人。这些机器人，比蚂蚁还要小，但却具有惊人的破坏力。它们可以通过各种途径钻进敌方武器装备中，长期潜伏下来。一旦启用，这些纳米士兵就会各显神通：有的专门破坏敌方电子设备，使其短路毁坏；有的充当爆破手，用特种炸药引爆目标；有的释放各种化学制剂，使敌方的金属变脆、油料凝结，或使敌方战斗人员神经麻痹，失去战斗力。

"苍蝇"飞机是一种如同苍蝇般大小的袖珍飞行器，可携带各种探测设备，具有信息处理、导航和通信能力。其主要功能，是将飞机秘密部署到敌方信息系统和武器系统的内部或附近，

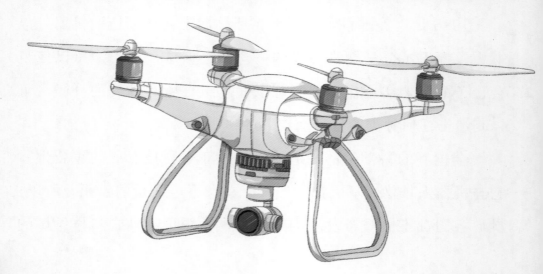

监视地方情况。这些纳米飞机可以悬停、低飞、高飞，敌方雷达根本发现不了它们。它们适应全天候作战，可以从数百千米外，把获得的信息传回己方导弹发射基地，直接引导导弹攻击目标。

"麻雀"卫星比麻雀略大，重量不足 10 千克，各种部件全部用纳米材料制造。一枚小型火箭，就可以发射数百颗纳米卫星。若在太阳同步轨道上等间隔地布置648颗功能不同的纳米卫星，就可以保证在任何时刻对地球上的任何地点进行连续监视，将敌方情况一览无遗。

"蚊子"导弹是一种大小如蚊子般的纳米型武器，受电波遥控，可以神不知鬼不觉地潜入目标内部，炸毁敌方火炮、坦克、飞机、指挥部和弹药库等。

还有一些纳米武器，比如微型无人侦察机、蝎子机器、针尖炸弹、间谍草等，这些林林总总的微型武器，组成了现代战争中的一种特殊的军种——"微型兵"或称"微型军团"。它们制造成本低，使用方便。战场上微型军团像成千上万只蚂蚁一样协同作战，它们神出鬼没地出现在战场的不同角落，将使大型武器手忙脚乱，疲于应付。

纳米时代将是一个全新的时代，纳米级战争也将是全新样式的战争。当然，我们不应只是想如何去阻止这样的战争发生，而应努力学习科学技术，以全新的姿态迎接这一场全新的军事技术变革，以防备别人使用这样的武器。

我们到哪里去

五、走向自救的人类

1.禁止使用核武器

地球上的人类，是一个命运共同体。面对可能毁灭人类的威胁，各个国家各个民族应该停止争斗，修复地球家园，使之更适合人类的生存发展，共同享受美好生活。

比如，我们应该禁止使用核武器。

前面萌爷爷说过，现在地球上的核武器数量，已足以让地球毁灭十几次。

核武器诞生 70 多年来，只使用过一次，就是 1945 年美国投在日本广岛、长崎的两颗原子弹。在这 70 多年里，大国博弈、小国地区冲突，但都没人再敢使用原子弹。

为什么呢？

因为它的威力实在是太大了。一旦打起核战来，没有谁是赢家，不仅是开战双方的毁灭，还会连带全人类的灭亡。

可是，也没有哪个有核国家愿意销毁这些核武器。为什么呢？因为大家都担心，假如我单方销毁了核武器，万一哪个有核国家不遵守承诺，动用核武器打我，我都没办法应付。

于是，各个有核国家想出了一个办法，让全世界各个国家共同签个条约，有核国家不能向无核国家提供核武器及生产技术，无核国家不再研究和拥有核武器。

这个办法得到了许多国家的赞成。于是，从 1968 年 7 月开始，一些国家签订了《不扩散核武器条约》，该条约在 1970 年 3 月正式生效。截至 2010 年 1 月，缔约国达到了 189 个。

《不扩散核武器条约》又称《防止核扩散条约》或《核不扩散条约》，共有 11 条规定，主要内容是：有核国家不得向任何无核国家直接或间接转让核武器或核爆炸装置，不帮助无核

国家制造核武器；无核国保证不研制、不接受和不谋求获取核武器；停止核军备竞赛，推动核裁军；把核设施置于国际原子能机构的国际保障之下，并在和平使用核能方面提供技术合作。

中国于 1991 年 8 月加入《不扩散核武器条约》。中国在加入书中所附的声明中，阐明了对不扩散核武器问题的全面立场。声明指出，防止核扩散与核裁军应是相辅相成的，只有在核裁军领域取得大幅度进展，才能最有效地防止核武器扩散，才能切实加强核不扩散制度的权威。同时，保持一个有效的核不扩散制度，也有助于早日实现彻底消除核武器的目标。

只有各个国家都遵守《不扩散核武器条约》，人类才有希望。否则，如果哪个国家单方撕毁《不扩散核武器条约》，发展和动用核武器，都会把人类带入毁灭的深渊。

2. 让春天不再"寂静"

还记得萌爷爷说过的《寂静的春天》的故事吗？

这是美国科普作家蕾切尔·卡逊写的一本科普读物，描绘了一个风景优美、充满生机的小村庄突然跌入了一片死寂之中，原因是人们过度使用化学药品和肥料，从而导致环境污染、生态破坏，最终带来了灾难。

《寂静的春天》的故事告诉我们，人与自然是相互依存的关系，对自然要心怀敬畏，与自然和谐相处。

现在，人们已经意识到，发展经济不能以牺牲环境为代价，并且只有采取全球性的联合行动才能达到目的。从 20 世纪 70 年代开始，人类多次举行各种类型的世界性环境保护会议，并签署了一系列国际间环境保护的宣言、公约和协定，保护环境。

1972 年 6 月，在瑞典斯德哥尔摩召开的联合国人类环境会议上，通过了《联合国人类环境会议宣言》，也叫《斯德哥尔摩宣言》。这是保护环境的一个划时代的历史文献，也是世界上第一个维护和改善环境的纲领性文件。

　　在宣言中，提出了七个共同观点。在这些共同观点中，大家一致认识到：人是环境的产物，也是环境的塑造者，保护和改善人类环境，关系到各国人民的福利和经济发展，是人民的迫切愿望，也是各国政府的责任；人类在改变环境的同时，应该谨慎地考虑到将给环境带来的后果，必须运用科学知识同自然取得协调，以便建设更良好的环境，共同创造未来的世界环境。

　　1980 年，包括中国在内的世界大多数国家签署了《世界自然资源保护大纲》。大纲约定，全球进行国际合作，保护和利用人类共有的自然资源和财富。

　　从 20 世纪 80 年代开始，许多国家开始重点进行"第三代环境建设"，制订了将经济增长、合理利用自然资源和环境效益相结合的长远政策，以期达到人类与环境协调发展的目的。

　　1992 年 6 月，联合国在巴西召开了联合国环境与发展大会，会议通过了关于环境与发展的《里约热内卢宣言》（又称《地球宪章》）和《21 世纪议程》。150 多个国家签署了《联合国气候变化框架公约》《保护生物多样性公约》。大会还通过了有关森林保护的非法律性文件《关于森林问题的政府声明》。

　　《里约热内卢宣言》指出：和平、发展和保护环境，是互相依存、不可分割的，世界各国应在环境与发展领域加强国际合作，为建立一种新的、公平的全球伙伴关系而努力。

为了实现这些宣言，世界在积极行动。

让春天不再寂寞，这是我们的自救之路。

UNITED NATIONS CONFERENCE ON ENVIRONMENT AND DEVELOPMENT
Rio de Janeiro 3–14 June 1992

故事广播站
科普小课堂
趣味测一测
百科小常识

眼微信扫码

3. 阻止地球变暖

有一部科幻电影《未来水世界》，为我们展示了 500 年后人类可能面临的生存灾难。

公元 2500 年，地球两极的冰川大量消融，地球成了一片汪洋大海，人们只能在水上生存。

这部电影，向我们揭示了地球正经历着的严重环境危机——全球变暖。

事实上，在 20 世纪的 100 年间，全球气温平均增加了 0.6℃。20 世纪 90 年代，是过去 1000 年间最热的一个 10 年。1995 年，人们见证了近 225 年以来日平均气温的最高纪录。

你可能会说，100 年时间才增加了 0.6℃，这么点儿的气温变化，根本算不了什么嘛。萌爷爷，你是不是又在耸人听闻？

萌爷爷不是在耸人听闻。综观地球漫长的发展历史，你会发现，全球气温通常来说是十分稳定的。距今大约 2 万年的上一个冰川时代，当时的全球平均气温也不过仅比现在低出 5℃左右。

可见，气候的微小变化，就可能导致地球环境的巨变。

有一个数据可以说明这0.6℃对地球的影响：与过去的100年相比，全球海平面持续上升，大约增加了0.1～0.2米；自20世纪60年代后期以来，北半球冰雪覆盖率已经减少了大约10%。

事实上，在20世纪的100年间，北极地区域的陆地冰川已经在急剧地减退。

科学家们预测，到2050年，地球同温层（地球大气层依次分为对流层、同温层、中间层和热层）温度将升高22℃，地表温度升高2℃～4℃，两极冰川将融化，海平面将上升40～140厘米。

我们知道，全世界大约有半数以上的居民生活在沿海地区，距离海洋只有60千米左右。如果海平面上升1米，那全球将会有10亿人口的生存受到威胁，500万平方千米的土地将遭到不同程度的破坏。

到那时，人类的生活空间将被迫缩小，世界上35个最大城市中的24个将不得不搬迁；一些四面环洋的岛国将沉入海中……

而全球变暖、气候模式改变、温室效应，正是带来气候危机的罪魁祸首。

亚洲面临的情况会更为严峻。科学家们预测，未来几十年，亚洲各国要同干旱、洪水、疾病、海平面升高、食物短缺作斗争；

生活在恒河、印度河等 7 条大河下游的居民将家园不保，印度和孟加拉国将不得不为几百万人重新寻找定居之处。

2004 年，一个由全球 250 名科学家组成的考察团公布了一份研究报告：温室效应将导致北极地区的气温在本世纪末上升 4 ℃～7 ℃。报告预测，可能到 2070 年夏季时，北极所有冰川就会消失殆尽。

这并不只是对未来的预测，在现实生活中，已经有受海平面升高而面临"灭顶之灾"的实例。

在西太平洋上，有一个美丽岛国图瓦卢。图瓦卢是由 9 个珊瑚岛组成的岛国，总面积只有 26 平方千米，位于斐济以北，它的地势平均高度只高出海平面 1.8 米。

如果科学家的预言没错的话，也许要不了多久，图瓦卢这个小国将因为气候变暖而沉没在西太平洋。附近其他一些低地国家和地区，包括基里巴斯、属新西兰的纽埃岛以及马绍尔群岛等，也会处于同样的困境。

而受海平面升高威胁最大的城市，应该是美国的纽约。纽约曼哈顿地区有着世界上最多的摩天大楼，这使得曼哈顿人在外来旅游者面前有着一种优越感。可遗憾的是在未来，来此观光的旅游者可能得泛舟而来了。

纽约城建立在一个由 80 多座桥梁和隧道连接起来的岛屿上，与海平面相差无几，而海平面却正在上升。风暴来临时，汹涌的海水涌向城市的危险在日益增加。即使未来的暴雨灾害不像今天这样频繁凶猛，仅仅因为海平面的上升，也会增加纽约城被淹的可能性。

1992 年 12 月的月圆之日所发生的事情，也许正是未来可能出现灾难的一个预演。那天，大风使得曼哈顿南端海潮比平时高了 2.7 米，海水猛然涌进高速公路和大街小巷，地下隧道中积水达 1.8 米，整个城市陷入瘫痪状态，占美国全国人口 7% 约 2100 万人的正常生活受到严重干扰。

不仅如此，因为全球气温变暖，未来世界生物多样性的构成也将发生很大变化，许多国家可能会丧失 45% 以上野生动物栖息地。

那么，全球气候为什么会变暖呢？

简单来说，是地球能量的"收支平衡"遭到了破坏。

地球作为太阳系的行星之一，总是在不断地接收来自太阳的能量，其中一部分能量为陆地、海洋和大气所吸收，另一部分能量则被反射到太空中去。这个过程就叫地球能量的收支平衡。在影响地球能量收支平衡的诸多因素中，最重要的因素是"温室效应"。

温室效应本身无可非议，许多温室气体都是自然而然产生的，但人类的活动加大了它们在大气中的原有比重。专家估计，自工业革命开始以来，由于大量化石燃料的使用，二氧化碳的含量较之以前增长了 30% 左右。同时由于人类的工业活动，大气中甚至出现了氟利昂等新型温室气体。

此外，地表的变化和森林遭到乱砍滥伐等，也可能导致过量二氧化碳排入大气中。

树木原本是二氧化碳的天然吸纳器，但当森林遭到破坏时，二氧化碳就只能进入空气当中。

德国的一项研究结果预计，2100 年大气中二氧化碳的浓度，可能将比 19 世纪中叶工业革命前升高 96.4%～185.7%。专家警告说，如果不减少二氧化碳和其他温室气体排放量，到本世纪末，全球平均气温可能将比目前上升 2.5 ℃～4℃。

美国气候学家乔纳森·奥弗佩克
通过研究后也发现，如果全球气候持

续变暖，到 21 世纪末，地球温度将比现在至少升高 2.5℃，即与 12.9 万年前的温度差不多。当时，格陵兰和南极冰原大片融化，会将海平面提高 6 米多。而如果海平面上升 6 米，世界上绝大多数岛屿都将淹没在茫茫大海中，不少沿海地区的居民不得不向内陆地区搬迁。

现在采取措施阻止全球变暖，还为时未晚。

1997 年 12 月通过的《京都议定书》，标志着人类在减少温室气体排放方面迈出了艰难却关键的一步。该议定书是《联合国气候变化框架公约》约定俗成的称呼，旨在限制全球二氧化碳等温室气体排放总量。

此外，还有一些解决措施，也摆在了我们面前：人类完全可以利用风能、太阳能之类的可再生洁净能源，它们在促进经济发展的同时还不会带来环境污染问题。一些环保技术，甚至可以有效防止温室气体的排放，比如绿色冷藏技术等。

可更新资源的种类很多。比如，风力就在很多国家得到开发。未来 20 年内，风力发电量将有可能占世界总发电量的 10% 左右。而太阳能的开发和利用，则可能以年增长率 33% 的速度持续增加。

阻止全球变暖，让我们一起行动吧。

4. 现代女娲"补天"

在距地面 20 千米～50 千米的大气层中，有一个薄如轻纱的特殊气体层，叫臭氧层。

不要小看这薄薄的一层气体，它的作用可大呢！它被看作是保护人类的天然屏障。

什么是臭氧？

臭氧是由 3 个氧原子结合成的一种气体分子。150 多年以前，德国化学家先贝因博士发现，在水电解及火花放电过程中会产生一种难闻的

O_3

先贝因

气体，因此把这种气体命名为"臭氧"。

到了 20 世纪初，法国科学家法布里首先发现了臭氧层。1930 年，英国地球物理学家卡普曼提出，大气中的臭氧主要是由氧原子同氧分子，在有第三种中性分子的参与下，进行碰撞而产生的。在 20 千米～25 千米高度范围内，每年形成的臭氧，大约有 500 亿吨。

臭氧层有什么作用呢？

臭氧层的作用可大了。臭氧层能够吸收太阳光中的紫外线，保护我们人类和动植物免遭短波紫外线的伤害。它就像是一把保护伞，保护地球上的生物得以生存繁衍。

另外，臭氧吸收太阳光中的紫外线，并将其转换为热能，加热大气。由于臭氧的这种作用，大气结构存在着一个升温层，也才有了平流层的存在。而地球以外的星球，因不存在臭氧和氧气，所以也就不存在平流层。大气的这种温度结构，对于大气的循环具有重要的影响，如果这一高度的臭氧减少，则会产生使地面气温下降的动力。

可见，臭氧层的存在是非常重要的。可是，科学家们却发现，在南极上空，保护地球的臭氧层居然破了个洞！

"天"漏了！

这是怎么回事呢？好端端的臭氧层，怎么会破了个洞呢？

1985年，英国南极探险队队长法曼宣称，自从他1977年开始观察南极上空以来，每年都在9～11月，发现有"臭氧空洞"。

这个发现，引起举世震惊。

科学家们认为，这是因为人们广泛使用"氟里昂"制冷的结果。

我们知道，在冰箱、空调里得使用"氟里昂"；在飞机的燃料或火箭的推进剂中，产生的一氧化碳、氟氯化碳，也导致了臭氧的减少。

这可不得了哇，如果"臭氧空洞"扩大，臭氧层保护伞消失，那么地球上的生命将暴露在阳光中紫外线的辐射之下！

亿万生命，包括人类，垂垂危矣！

而臭氧层被破坏，也被认为是导致地球变暖的罪魁祸首之一。还记得前面萌爷爷说过的吗？地球变暖，冰川融化，海平面上升，大量沿海城市、岛国被淹，地球将成为一个"水世界"！

怎么办呢？我们绝不能坐以待毙呀！

全世界都要赶快行动起来，当一个现代版的"女娲"，把天"补"起来！

是的，自己砸的锅，自己修；自己戳的洞，自己补。

在法曼宣布发现的当年，多个国家的政府代表聚集维也纳，签署了一份公约：《关于保护臭氧层的维也纳公约》。

这标志着，保护臭氧层的国际统一行动正式拉开帷幕。

同年，国际性的保护臭氧层工作组成立。此后，又制订了《关于消耗臭氧层物质的蒙特利尔议定书》，对消耗臭氧层的主要物质氯氟烃和哈龙的生产、使用进行国际控制。该议定书已成为众多国际环境公约中实施最为成功的一个。

到1996年1月，发达国家已经基本完成了主要消耗臭氧层物质的淘汰。《关于消耗臭氧层物质的蒙特利尔议定书》同时要求，发展中国家于2010年实现对主要消耗臭氧层物质的全部淘汰。这些行动，大大有利于减少对臭氧层的损害。

为纪念《关于消耗臭氧层物质的蒙特利尔议定书》的签署，

联合国将 9 月 16 日确定为"国际保护臭氧层日"。

我国政府也积极参与保护臭氧层的国际合作。从 1989 年签订《关于保护臭氧层的维也纳公约》、1991 年加入《关于消耗臭氧层物质的蒙特利尔议定书》开始，通过十多个行业的淘汰消耗臭氧层物质的行动，已经从消耗臭氧层物质的生产和使用大国，逼近主要消耗臭氧层物质的生产和消费量为零的目标。

按照"议定书"要求，中国应从 2010 年 1 月 1 日开始完全停止氯氟烃和哈龙两大类主要消耗臭氧层物质的生产和使用。为了表示中国保护臭氧层的决心，中国政府出台《中国保护臭氧层国家方针》，毅然决定加速氯氟烃和哈龙的淘汰，将这一日期提前到 2007 年 7 月 1 日。

从 2007 年 1 月 1 日起，含氟的冰箱、冰柜已在中国市场禁止销售。这对于一些厂家来说，当然是一种利润的损失，但对于保护全球重要的臭氧层"保护伞"来说，却是一种有效的行动和措施。

故事广播站
科普小课堂
趣味测一测
百科小常识
微信扫码

5. 保护"地球之肺"

地球也有"肺"吗？

我们只听说过人有肺，动物有肺，没听说过地球也有"肺"呀！

是的，地球也有"肺"。地球的"肺"，是森林。

我们知道，肺对于人类和动物来说，是身体和外界进行气体交换的场所。人吸进氧气，呼出二氧

化碳，就是靠肺来进行的。人的生命，就是靠不断地进行气体交换来维持的。

森林也一样，森林也在呼吸呢。

森林里各种各样的植物，把人和动物呼出的二氧化碳等废气吸收，然后制造出新鲜的氧气。所以，森林就被形象地称为"地球之肺"。

据测定，一亩森林每天产生的氧气，约为48.7升，能满足65个人一天的需要呢！

森林不只是制造氧气的"工厂"，森林的作用还有很多呢。

森林能吸收有害物质。一公顷的柳杉林，每个月可吸收二氧化硫有害气体60升；一些植物对减轻氟化氢的危害，也有很好的作用。

森林能够保持水土。研究表明，20厘米厚的表土层，如果被雨水冲刷干净，林地需要57.7万年，草地需要8.2万年，耕地需要46年，裸地只需要18年。可见，缺少森林植被，会使土壤侵蚀加剧。

森林能涵养水源。俗话说："山上多栽树，等于修水

库。"5万亩森林的贮水量，相当于一个100万立方米的小型水库。树木像抽水机一样，吸收土壤中的水分，再通过蒸腾作用，把水分洒到大气环境中去。一亩杉木林在每年的生长季节，可蒸腾170吨水。在同一纬度相同面积的情况下，森林比海洋蒸发的水分多一半呢。

此外，森林还能防风固沙，阻挡沙尘暴。在城市里大量植树，可以有效降低噪声。

所以说，森林这个"地球之肺"，对于地球、对于人类和动物来说，作用真是太大了。

然而，长期以来，人们为了利用森林的树木，乱砍滥伐，造成了严重的水土流失。森林的减少，又导致土地沙漠化日益扩大。据推测，全世界每年大约有6万平方千米的土地沦为沙漠。

沙漠虽然也别有一番风景，但是我们可不希望生活在沙漠里。

森林的减少，也会导致气候恶化，灾情剧增，农业减产。更重要的是会使很多珍稀植物濒临灭绝，野生动物失去家园。

所以，保护森林，保护"地球之肺"，已迫在眉睫。

从国家层面上来说，应当禁止乱砍滥伐，退耕还林。

对于我们每个人来说，那就是要提高保护森林、植树护树意识，积极参与植树；节约用纸，减少森林采伐造纸；进入山林，严格遵守防火制度。

绿水青山，就是金山银山，从我做起，保护好"地球之肺"！

6.保护湿地，拯救野生动物

你知道吗？100年前，全世界的老虎大约有10万只；而到了今天，却只剩下几千只了！

大熊猫更惨，现在地球上大熊猫总数不足2000只！

由于森林被毁、环境污染加上人类的大肆捕杀，许多野生动物正面临灭绝的危险。近百年来，已有90多种鸟从地球上消失；欧洲石雷鸟族群正在急剧衰落；美洲白鹭只剩下几十只；非洲犀牛濒临灭绝；澳洲的鸭嘴兽，所剩无几；阿拉伯长角羚羊，已接近绝种；鲸类正苟延残喘……

仅在我们中国，濒临灭绝的动物就多达400种，如大熊猫、老虎、金丝猴、白鳍豚、长臂猿等等。

以上这些数据，实在是令人触目惊心！我们不得不为自己的朋友——野生动物担心！

野生动物是大自然的产物，而自然界又是由许许多多复杂的生态系统构成的。野生动物的大量毁灭，必将引起一系列的连锁反应，产生严重的后果。

拯救珍稀野生动物，已迫在眉睫！

认识到保护野生动物的重要性，现在很多国家都在开展保护湿地的活动，大力建立湿地公园。为什么要花那么大的力气来保护湿地呢？因为湿地是地球上三大生态系统之一。地球上的第一大生态系统，是陆地上的森林和草地等；第二大生态系统，是水生的深水湖和海洋等；而在两者之间的过渡带，则为湿地，被称作是第三大生态系统。

湿地又被叫作"地球之肾"、天然水库和天然物种库，最宜于多种多样的生物繁衍，具有维护生态安全、保护生物多样性等功能。保护湿地，是保护环境多样性、保护野生动物的关键举措之一。

据统计，全世界共有自然湿地855.8万平方千米，占陆地面积的6.4%。湿地在北半球分布较广，尤其是俄罗斯、加拿大、中国、美国、芬兰和瑞典等国的湿地，面积比较大。

湿地的类型多种多样，通常分为自然和人工两类。自然湿地包括沼泽地、泥炭地、湖泊滩涂、河滩、海滩和盐沼等；人工湿地主要为水稻田、水库、池塘等。生物种类以自然湿地最为丰富，在亚太地区，记录到400多种水禽，其中的200多种每年一次沿较为固定的路线迁徙，途经多个国家和地区。

在我国记录到的湿地动物为1500多种（不含昆虫、无脊椎动物、真菌和微生物），其中水禽大约250种，包括亚洲57种濒危鸟中的31种，如丹顶鹤、黑颈鹤、遗鸥等；鱼类约1040种，其中淡水鱼500种左右，占世界上淡水鱼类总数的80%以上。

以黄河三角洲湿地为例。该地区位于黄河中下游，生物资源丰富，区内有各种生物1917种，其中有国家一级重点保护的鸟类如丹顶鹤、白头鹤、白鹳、中华秋沙鸭、金雕、白尾海雕、大鸨等，以及国家的一级保护动物白鲟、达氏鲟。然而，由于近年来该地区生态环境恶化，加上黄河断流时间逐渐延长，并出现跨年度断流，河口的洄游鱼类如鳗鲡、刀鲚、银鱼等几乎绝迹。好在我们已经在黄河三角洲湿地建立了国家级自然保护区，亡羊补牢，为时未晚！

又比如青海湖，我国最大的咸水湖，是水禽鸟类栖息繁衍的理想境地。可是在近几十年来，由于气候的干旱化等原因，青海湖水位下降了近3米，鸟岛周围的沙地面积由原来的4平方千米猛增到现在的近30平方千米。随着鸟岛连陆，狐狸、狼、狗、獾和其他鸟类天敌极易上岛捕杀和惊扰鸟类，加上游人的喧噪声以及丢弃物污染了鸟类的栖息环境，使得大量的鸟类被迫迁徙。

事实表明，每失去一片湿地，就会失去一种或数种生物，

失去许多宝贵的生物基因库，这对人类是一种巨大的损失。我们应当深刻认识到，人类的生存与其他生物息息相关，是同舟共济的伙伴。只有人和植物、动物等共存共利，湿地才会永续不断地繁衍水草、树木、鱼虾、鸟儿和兽类。

当然，做好湿地保护，除了各国采取有力措施外，还要加强国际间的携手合作。1971年2月，苏联、英国、加拿大等国签署了《湿地公约》，并于1997年起，把每年的2月2日定为"世界湿地日"。目前，《湿地公约》的缔约国已达到100多个。

我国于1992年加入了《湿地公约》，并编制了《全国湿地保护工程规划》。按照规划，到2030年，中国将完成湿地生态治理恢复140万公顷，建成53个国家湿地保护与合理利用示范区。到那时，全国的湿地保护区将达到713个，国际重要湿地达到80个，90%以上天然湿地将得到有效保护。

7. 建立自然保护区

除了保护湿地、保护动物资源，我们还要保护森林，维系大自然的生态平衡，因为这些都是保护自然行动的一部分。

其实早在古代，人们就已开始注意到保护自然的重要性了。比如在2000多年前，孟子就说过："斧斤以时入山林，林木不可胜用也。"意思是说，要限制民众入山砍伐树木的时间和数量，不要过度砍伐，那么木材就会多得用不完。

看看，这和现在有些地方像剃光头似的砍伐森林，不管大鱼、小鱼一起捞的恶劣现象相比，有多大的差距呀！

所以，有人大声疾呼：必须加强自然保护！

那么，我们应该怎么做呢？如何才能保护自然？

自然保护，包括自然环境保护和自然资源保护。首先，我们要保护基本上处在原始状态或受人类活动影响较少的生态系统，比如我国的吉林长白山温带山地生态系统；其次，我们要保护、恢复受人类破坏但是具有一定代表性的自然生态系统，比如云南的西双版纳自然保护区；此外，我们还要保护具有特殊价值的生态系统，比如珍稀动物、文物古迹、化石产地等。

当前，在世界各地建立自然保护区，是自然保护的最佳办法。

什么是自然保护区呢？自然保护区就是一个国家为保护自然环境和自然资源，划出一些自然地域，对其中的生态系统、珍稀动植物栖息地、重要自然历史遗迹及重要水源等加以保护。它包括生态保护区、生物圈保护区、森林公园、海洋公园；禁伐区、禁渔区、禁猎区；冰川遗迹、温泉、化石群等。

建立自然保护区，在世界上已经有一百多年的历史。1872年，美国建立了世界上第一个自然保护区——黄石公园。从此以后，各种各样的自然保护区在世界范围内不断建立。

我国从 1956 年开始，就在全国范围内划定了自然保护区。到 2021 年底，已有国家级自然保护区 474 个。目前，我国的自然保护区包括野生动物、野生植物、森林、湿地和荒漠等多种类型，主要分布在西藏、青海、内蒙古、新疆、甘肃、四川等

省区，有效保护了全国 90％的陆地生态系统类型、85％的野生动物种群、65％的高等植物种群和 20％面积的天然林群落。

自然保护区，能够完整地保存自然环境的本来面目，是动植物及微生物物种的天然贮存库，能使自然资源得到保护、繁殖、引种和发展，并对保持水土、涵养水源和维护生态平衡起着重要作用。

保护自然，保护地球家园，就是保护我们人类自己。只有人与自然和谐相处，人类才能够长久地生存下去。

萌爷爷希望，每个小朋友都能爱护自然，保护自然，大家共同携手建设美好家园。

我们到哪里去

六、走向太空的人类

1. 从太空中来，回太空中去

人类，究竟要走向何方？

地球家园，会是人类的永久归宿吗？

尽管我们热爱地球，喜欢地球，不愿意离开地球，但我们不可能永远只在地球上生活下去。我们将不得不离开地球，向太空移民。

还记得在 2010 年时，英国物理学家、宇宙学家、数学家史蒂芬·霍金给出的警告吗？

他说，宇宙是一个充满暴力的地方，恒星吞噬着行星，超新星的致命射线穿过太空，黑洞相互碰撞，小行星以每秒数百英里的速度撞击。这些现象，让太空听起来好像很可怕，但是，这也正是我们应该冒险进入太空，而不是原地不动的原因。

而且，霍金给出的最后期限是 200 年。

200 年！

是的，霍金认为人类在 200 年内必须离开地球，否则可能会有灭顶之灾！

因为我们不知道灾难哪天会突然降临，尤其是人类无法控制的灾难，比如"没规矩"的太空小行星的到来。

尽管这样的概率很小，但只要有一次白垩纪导致"恐龙大灭绝"级别的小行星撞击，地球生命就将面临再度蒙难，人类也将大概率灭绝。

仅仅只需要一次，人类就将不复存在！

不要再把所有的鸡蛋，都装在一个篮子里了！

所以，为了人类和地球生命能够延续下去，我们无论如何都要努力尝试移民太空。这样，才能避免所有的"鸡蛋"都装在地球这个"篮子"里。

向太空中去，才是我们的唯一出路，才是人类和地球其他生命的唯一出路。

2019 年我国首部科幻大片《流浪地球》中，太阳即将毁灭，人类为了生存，不得不把地球改造成一艘巨大的飞船，到太空

中去流浪。当然，这有点儿夸张了，带着地球去流浪，尽管看上去比较浪漫，但其实是一个比较笨的办法。如果没有意外，太阳会一直继续存在 50 亿年。我们不需要也做不到带着地球去流浪。

还记得在"萌爷爷讲生命故事"第二册《我们从哪里来》中，萌爷爷提到过有一种说法，认为地球上的生命来自外太空吗？这种说法认为，彗星撞击地球，从而带来了生命的种子。

假如这种说法是真的，那么，地球生命当初从太空中来，最终又会回到太空中去。

人们开玩笑时常说一句话："从哪里来，回哪里去。"

或许，将一语成谶。

可是，向太空中去，往哪里去呢？

茫茫太空，哪里才是人类新的落脚点呢？

当我们仰望星空，第一站，理所当然就是月球。

2. 移民月球

月球，是距离地球最近的星球。

月球是地球的天然卫星，距离地球仅约 38 万千米，是人类首选的移民目的地。

自从 1957 年苏联发射第一颗人造地球卫星开始，美国和苏联就都把目光转向了月球。这两个大国之间的太空竞争非常激烈，几乎是你刚向月球发射一枚火箭，我就向月球发射一个探测器，互不示弱。

他们的目的非常明确，就是要抢先登上月球。

但最终还是美国人抢得先机，率先登上了月球。

1969 年 7 月 20 日，美国在动员了 2 万多家企业、200 多所大学和 80 多个科研机构约 42 万人，历时 8 年的艰辛苦战，并在发射了 10 艘不载人的"阿波罗"飞船进行登月飞行试验后，终于让"阿波罗"11 号载人飞船在月球上成功着陆。20 日 16 时 17 分，登月舱在月面"静海"附近平安降落。22 时 56 分，美国宇航员尼尔·奥尔登·阿姆斯特朗成为第一个踏上月球的人类。

阿姆斯特朗在月球表面上跨出了一小步，然后无比骄傲地说："对于一个人来说，这只是一小步；可对于整个人类来说，这却是一个巨大的飞跃。"

毫无疑问，这次载人航天飞行，是人类载人航天活动中最为宏大的工程。

继"阿波罗"11号飞船登月成功后，美国又发射了"阿波罗"号系列中的12号、13号、14号、15号、16号、17号飞船，除了"阿波罗"13号因服务舱氧箱爆炸中止登月任务外，其余均登月成功。

其中，"阿波罗"12号进行了人工"陨石"的撞击试验，引起月震长达55分钟。"阿波罗"15号和16号在环月轨道上各发射了一颗环月球运行的科学卫星。"阿波罗"15号、16号、17号的宇航员，都曾驾驶月球车在月面上采集岩石。"阿波罗"17号飞船还载运地质科学家参加了登月活动，摄像机和通信设备将宇航员驱车巡游月面和登月舱从月面起飞的情景传回了地球，

地球上的人们看到这些画面后，兴奋不已。

1972年12月，美国"阿波罗"17号飞船登陆月球，对月球进行了最后一次考察，从此，美国结束了自己的"阿波罗"登月计划。

"阿波罗"号飞船在6次登月中，宇航员总计在月面上停留了大约300个小时，完成了约占月球表面约20%区域的测绘任务，并采集了大量的地质样品，为人类建立月球基地、移民月球打好了前阵。

时间进入21世纪，随着中国的综合实力越来越强大，我们也开始了太空探测。

2003年10月15日，酒泉卫星发射中心，神舟五号飞船把中国的首位航天员杨利伟顺利送上了太空。飞船在太空绕地球飞行14圈，历时21小时23分钟，行程约60万千米，于16日6时23分平安返回内蒙古中部主着陆场。中国首次载人航天飞行取得圆满成功。

2018年5月21日，西昌卫星发射中心，我国成功将探月工程嫦娥四号任务"鹊桥"号中继卫星发射升空。2018年年底，发射嫦娥四号探测器，实现人类首次月球背面着陆探测，并开展巡视探测。

距离中国人登上月球的时间，不远了。

移民月球，不再只是一个梦想。在月球上建基地，建造房屋，开发月球资源，为人类造福，已成为一件指日可待的事情。

月亮上蕴藏着丰富的资源，其中的沙土和岩石是很好的混凝土原料，是建造房屋的理想建筑材料。这样，我们就不用耗费大量的人力物力财力，把建筑材料从地球上往月球上搬了，节省了大量的费用和时间。

同样，移民月球也不必从地球上运输能源，因为月球上有大量的硅，用它可以制作太阳能电池。这样，月球房屋的供热、供电就可以全部使用太阳能，这比地球上用煤或电取得能源方便多了。

科学家们预测，到 2050 年左右，月球上将出现住房、办公室、研究所等中型建筑，以及急救康复中心和紧急避难设施等小型建筑。

不过，最令人瞩目的，将是象征月面城市的月球塔。这是一个高 540 米的月球塔架，围绕塔架的螺旋形管道上安装了 9 个面包圈形的建筑，这些建筑是瞭望台、通信中心和控制中心，以及可容纳 2000 人的饭店。

到那时，人们可以乘着登月艇抵达月球参观，并下榻在月球上的"宾馆"，人人都成了嫦娥的邻居。

当然，月球也不是人类的永久居留地，它不过是人类通往浩瀚宇宙的"空中跳板"。

通过月球基地，人们可以对火星甚至更遥远的星球进行探索和研究，为人类去往太空提供了更多的可能。

3. 移民火星

火星，作为地球的邻居，是太阳系中与地球最相似的一颗行星。

火星与地球环境极为相似，火星不仅有大气，也有适宜的温度，还和地球有着相似的自转周期。移民太空，火星无疑是一个很好的选择。

长期以来，出于对外太空和地外生命的好奇，人们对火星探索一直抱有浓厚兴趣。火星距离地球，最近 5000 多万千米，最远 4 亿千米。乘坐飞船从地球出发前往火星，至少需要 7 个月的时间才能抵达。一次往返，则需要 1~2 年的时间。但目前的航天技术，还无法将人送到这么远的地方。

尽管人类现在还不能登上火星，人类对火星的探测，却已经进行了 50 多年。

1962 年 11 月 1 日，苏联发射了"火星 1 号"探测器，拉开了探测火星的序幕。美国也相继发射了"水手""海盗""火星探路者"等系列探测器，对火星进行探测。

1971 年 12 月 2 日，苏联"火星 3 号"探测器首次在火星着陆。1976 年 7 月 20 日和 9 月 3 日，美国的"海盗 1 号""海盗 2 号"

火星探测器相继在火星上登陆成功。1996 年，美国发射了"火星探路者"探测器，并于 1997 年 7 月 4 日在火星成功登陆，进行了一个多月的勘测，使人类对火星的探测进入了一个崭新的阶段。

日本于 1998 年 7 月 4 日成功发射了"希望号"火星探测器，由此而成为世界上第三个发射火星探测器的国家。

2015 年 4 月 13 日，美国国家航空航天局在科学杂志《自然·地球科学》上宣称，火星探测机器人在火星地表以下约 50 厘米的位置，发现了液态水的迹象。这是人类首次发现火星上存在液态水，之前只是在火星的南极和北极发现结冰状态的水，以及液态水流过的痕迹。

火星存在不结冰的水，这意味生命体存在的可能性就会更大，也意味着火星将更加适合人类居住。

这个消息让人振奋。不过，火星上的水只有在夜晚才会形成。火星的气温变化幅度较大，从 -60℃ ~ 20℃。夜晚大气冷却，空气中的水蒸气凝结，渗入土壤，成为融有过盐素酸盐的水。然而到了白天，地表变热，水分蒸发，只剩下过盐素酸盐结晶。

科学家们认为，即使火星上不存在生命，也可以先把地球上一些依赖盐素酸盐生存的微生物带到火星上进行繁殖，使得火星的环境变得更加适合生命体生存。

火星液态水的发现，更加激发了人类探测火星的兴趣。

2016年1月11日，中国火星探测任务正式立项。

2020年4月24日，在"中国航天日"启动仪式上，备受关注的中国首次火星探测任务名称、任务标识正式公布。中国行星探测任务被命名为"天问"系列，首次火星探测任务被命名为"天问一号"，后续行星任务依次编号。

"天问"的名称，源于屈原长诗《天问》，表达了中华民族追求真理的坚韧与执着，也体现了对自然和宇宙空间探索的文化传承，寓意探求科学真理征途漫漫，追求科技创新永无止境。

中国在2020年7月23日实施首次火星探测任务——"天问一号"，目标是实现火星环绕和着陆巡视，对火星进行综合性探测。这些探测，包括探索火星的生命活动信息，火星生命生存的条件和环境以及对生命起源和地外生命的探测，并将探讨火星的长期改造与今后大量移民建立人类第二个栖息地的可能性。

科学家们计划，在2020～2030年，发射并建立火星空间站，为人类进一步探测火星提供必要的维修、材料储备等条件；在2040年以后，人类在火星上建立可供地球人长期工作的基地。

移民地外行星，将一步步成为现实。